Olarinde Olaniran
Oluyomi Sowemimo

Estudo Seroepidemiológico da Infeção por Toxoplasma Gondii

Olarinde Olaniran
Oluyomi Sowemimo

Estudo Seroepidemiológico da Infeção por Toxoplasma Gondii

em mulheres em idade fértil nas comunidades do Estado de Osun

ScienciaScripts

Imprint
Any brand names and product names mentioned in this book are subject to trademark, brand or patent protection and are trademarks or registered trademarks of their respective holders. The use of brand names, product names, common names, trade names, product descriptions etc. even without a particular marking in this work is in no way to be construed to mean that such names may be regarded as unrestricted in respect of trademark and brand protection legislation and could thus be used by anyone.

Cover image: www.ingimage.com

This book is a translation from the original published under ISBN 978-620-8-41826-7.

Publisher:
Sciencia Scripts
is a trademark of
Dodo Books Indian Ocean Ltd. and OmniScriptum S.R.L publishing group

120 High Road, East Finchley, London, N2 9ED, United Kingdom
Str. Armeneasca 28/1, office 1, Chisinau MD-2012, Republic of Moldova, Europe
Managing Directors: Ieva Konstantinova, Victoria Ursu
info@omniscriptum.com

Printed at: see last page
ISBN: 978-620-8-60623-7

Conteúdo

AGRADECIMENTOS

Com um coração agradecido e um espírito alegre, reconheço a Deus Todo-Poderoso a sua ajuda durante todo o período deste projeto. A minha genuína gratidão ao meu eficiente supervisor, Dr. O. A. Sowemimo, pelo seu profundo interesse, apoio e contribuição inestimável. Estou de facto grato pelos sacrifícios extra feitos apenas para tornar este estudo de investigação um sucesso com menos stress.

Um agradecimento especial ao Chefe do Departamento, Professor O.O Komolafe e ao Prof. V.F Olaleye, ao Dr. M.O Awodiran, ao Dr. E.O. Akindele, ao Dr. S.A. Salawu e a todo o restante pessoal académico do Departamento pela sua contribuição incomensurável para o sucesso deste projeto.

O esforço dos Srs. Kola Oyewole, Mayowa Solomon, R.O. Olodude e de todos os outros técnicos e administrativos do Departamento foi altamente reconhecido e apreciado.

O esforço das enfermeiras e do restante pessoal médico da Clínica para Crianças de St. Andrew foi muito apreciado. Todos os agradecimentos vão também para o Prof. Ted Fan do Laboratório de Parasitologia, Faculdade de Medicina e Doenças Infecciosas, Tapei, Taiwan; por ter ajudado na análise serológica das amostras.

Agradeço o apoio, a contribuição, o encorajamento e a contribuição financeira da minha mulher, cuja ajuda me levou até ao fim.

Por último, a minha gratidão e o meu sincero reconhecimento aos meus colegas e amigos, o Senhor abençoe e faça brilhar o seu rosto sobre todos vós (Amen)

RESUMO

A toxoplasmose é frequentemente mal diagnosticada ou subdiagnosticada e é a terceira causa mais comum de hospitalização devido a infecções de origem alimentar. A infeção intra-uterina com *Toxoplasma gondii* devido a parasitemia ativa durante a gravidez pode causar lesões cerebrais graves e frequentemente fatais, aborto e nado-morto do feto. O objetivo do estudo era investigar a prevalência da infeção por *T. gondii* em mulheres em idade fértil em comunidades selecionadas do Estado de Osun, com vista a determinar os factores de risco que predispõem à infeção por *T. gondii*.

Foram colhidos cinco (5) ml de sangue por venopunção para um tubo de colheita de sangue simples por um técnico de laboratório médico. As amostras de soro foram separadas por centrifugação das amostras de sangue a 3000 rpm durante 5 minutos. Os soros foram colhidos num tubo eppendorf e armazenados a -20 ^{0}C. A análise da presença de anticorpos IgG e IgM contra o *T. gondii* foi efectuada com um kit de ensaio imunoenzimático (ELISA) disponível no mercado (Demeditec Diagnostics GmbH, Alemanha), de acordo com as instruções do fabricante. As densidades ópticas dos alvéolos foram medidas por um fotómetro a um comprimento de onda de 450 nm. Os dados recolhidos foram analisados utilizando um programa informático adequado.

A seroprevalência global de *T. gondii* entre as mulheres em idade fértil em sete comunidades selecionadas no estado de Osun foi de 76,3%. Dos 76,3% positivos para a infeção por *Toxoplasma gondii*, 70,0% eram positivos para IgG *anti-T. gondii* e 32,3% eram positivos para IgM, e 26,7% para IgG e IgM. A prevalência de *T. gondii* foi mais baixa (58,9%) nas mulheres de Ile Ife, uma comunidade periurbana, e mais elevada (100%) nas mulheres residentes em Alajue, uma comunidade rural. A prevalência da infeção foi significativamente mais elevada (**P= 0,000**) entre as mulheres islâmicas (87,5%) do que entre as mulheres cristãs (70,8%). A prevalência mais elevada (86,3%) foi registada nas mulheres com o ensino primário, enquanto a mais baixa (61,2%) foi registada nas mulheres com o ensino superior (p = 0,**016**). A prevalência mais elevada (79,7%) foi registada nas mulheres que residem na zona rural e a mais baixa (70,1%) foi registada nas mulheres que residem na zona periurbana (**p=0,025**). A prevalência da infeção por *T. gondii* foi mais elevada (81,4%) nas mulheres com um aborto espontâneo, enquanto a prevalência foi mais baixa nas mulheres sem abortos espontâneos (75,9%). A idade das mulheres, (**p=0,042**), a religião islâmica (**p=0,001**), a residência das mulheres (**p=0,001**) e a fonte de água foram todas positivamente associadas à infeção por *T. gondii*.

O estudo concluiu que se registou uma elevada seroprevalência de *T. gondii* entre as mulheres em idade fértil na área de estudo. Por conseguinte, é necessário promover a educação para a saúde e sensibilizar as mulheres em idade reprodutiva, em geral, e as grávidas, em particular, para a doença e a sua transmissão, a fim de reduzir o risco de contrair *T. gondii* nas mulheres grávidas.

CAPÍTULO 1

INTRODUÇÃO

1.1 Informações de base

O *Toxoplasma gondii* é um protozoário parasita intracelular do filo Apicomplexa, tendo sido registado pela primeira vez no sangue, baço e fígado do roedor *Ctenodactylus gondii* e nomeado com a designação definitiva de espécie em 1909 por Manceaux (1908). *O T. gondii* é o agente causador da toxoplasmose e tem sido caracterizado como o parasita infetante mais bem sucedido, uma vez que pode infetar qualquer animal de sangue quente, incluindo gado e seres humanos (Dubey, 2008).

Ao longo das últimas décadas, a toxoplasmose tem sido cada vez mais reconhecida como uma doença importante e com fortes implicações na saúde pública, devido à gravidade das sequelas derivadas do parasitismo e associadas, sobretudo às formas congénitas ou oculares. No entanto, a doença adquiriu uma importância ainda maior a partir de 1980, relacionada com a sua emergência como agente patogénico oportunista (Wong e Remington, 1993), especialmente entre os doentes com Síndrome de Imunodeficiência Adquirida (SIDA), em que a infeção concomitante com o parasita não apresenta frequentemente um prognóstico favorável. Além disso, a incidência de toxoplasmose, quer na forma adquirida, quer na forma congénita, mesmo em indivíduos saudáveis e sem deficiências imunológicas, é elevada em muitos países, embora a maioria dos indivíduos afectados não apresente sintomas clínicos (Neves *et al.,* 2009).

A toxoplasmose é frequentemente mal diagnosticada ou subdiagnosticada e é a terceira causa mais comum de hospitalização devido a infecções de origem alimentar em geral (Mead *et al.,* 1999). Mais de 60 milhões de pessoas nos Estados Unidos podem estar infectadas com o parasita *Toxoplasma* e é a terceira principal causa de mortes relacionadas com a alimentação nos EUA

Muito poucas pessoas infectadas com *T. gondii* apresentam sintomas, porque o sistema imunitário de uma pessoa saudável normalmente impede que o parasita cause doenças. No entanto, a infeção por *Toxoplasma* em mulheres grávidas e em indivíduos com o sistema imunitário comprometido pode causar problemas de saúde graves. Em muitas populações, como as de El Salvador e França, a taxa de *seropositividade* do *T. gondii* é de 75% na quarta década de vida e até 90% dos adultos em Paris são seropositivos (Miller *et al.,* 2009). As mulheres em idade fértil nos continentes da Europa Ocidental, África e América do Sul e Central têm taxas de seroprevalência superiores a 50%. (Miller *et al.,* 2009).

Na Nigéria, a seroprevalência global da toxoplasmose humana está estimada em 32%. A taxa de seroprevalência para as diferentes regiões políticas é a seguinte: Noroeste (32%), Nordeste

(22%), Centro-Norte (24%) e Sudoeste (37%), (John e Clement 2006). A Nigéria, sendo um país tropical, tem um clima adequado para a sobrevivência de agentes parasitários da maioria das doenças infecciosas. Além disso, entre outros factores, o seu estado socioeconómico aumentou a taxa e a distribuição da maioria das doenças tropicais negligenciadas. (Hotez e Kamath, 2009).

Os seres humanos são infectados com *T. gondii* através da ingestão acidental de carne crua ou mal cozinhada, pelo consumo de alimentos ou água contaminados com oocistos de gato ou pela transmissão congénita de taquizoítos. A infeção em mulheres grávidas é principalmente assintomática e não diagnosticada, mas pode ser transmitida ao feto e produzir infeção congénita durante a gravidez, o que pode resultar em morte fetal, morte neonatal ou vários defeitos congénitos, como hidrocefalia, anomalias do sistema nervoso central e corioretinite. Além disso, estudos recentes indicaram que a toxoplasmose é um fator de risco plausível para alterações de personalidade e maior probabilidade de inteligência reduzida. (Boyer *et al.*, 2004; Montoya e Rosso, 2005; Dubey, 2010; Torgerson e Macpherson, 2011).

O T. gondii é um dos parasitas mais difundidos na natureza e a importância do parasita para os obstetras reside no facto de que, embora a grande maioria dos bebés nascidos de mães que adquirem toxoplasmose durante a gravidez seja sintomática, sabe-se que efeitos como abortos, mortalidade infantil precoce e cegueira estão associados a esta zoonose, quando as mães são infectadas durante o primeiro e segundo trimestres (Singh, 2016).

Na África subsariana, a toxoplasmose permanece frequentemente não detectada e não tratada devido à insuficiência de procedimentos de diagnóstico, de recursos humanos e de situação financeira dos pacientes. Um bom número de malformações congénitas ocorre sem se conhecer a causa específica e a toxoplasmose é uma doença que causa malformações congénitas. (Ballah *et al.,* 2017)

1.2 Justificação

A toxoplasmose é uma das principais doenças zoonóticas globais causadas pelo *Toxoplasma gondii.* Os seres humanos adquirem a infeção por *T. gondii* através da ingestão de alimentos ou água contaminados com oocistos de *T. gondii.* A infeção por *T. gondii* durante a gravidez pode resultar em aborto ou defeitos congénitos. Na Nigéria, a infeção por *T. gondii* em mulheres em idade fértil é desconhecida. Por isso, este estudo.

1.3 Objetivo

O objetivo do estudo é investigar a prevalência da infeção por *Toxoplasma gondii* em mulheres em idade fértil em comunidades selecionadas do Estado de Osun.

1.4 Objectivos

Os objectivos específicos do estudo são os seguintes

(a) determinar a seroprevalência de anticorpos *contra T. gondii* em mulheres em idade fértil em comunidades selecionadas do Estado de Osun

(b) determinar os factores de risco que facilitam a aquisição de toxoplasmose entre o grupo estudado, e;

(c) investigar a possível associação entre a prevalência da infeção e os factores de risco .

1.5 Contribuição esperada para o conhecimento:

O estudo fornecerá informações de base sobre a situação das mulheres em idade fértil no que diz respeito à infeção por *Toxoplasma gondii* e aos possíveis factores de risco que facilitam a transmissão da infeção às mulheres em idade fértil.

CAPÍTULO 2

REVISÃO DA LITERATURA

A infeção pelo protozoário parasita *Toxoplasma gondii* tem uma distribuição mundial. Este parasita intracelular obrigatório pode infetar os seres humanos, bem como praticamente todos os animais de sangue quente, incluindo mamíferos e aves. Desde a sua primeira descrição no gondii, um roedor do Norte de África, por Nicolle e Manceaux em 1908, o parasita foi progressivamente reconhecido como o agente de uma zoonose generalizada. No entanto, todo o seu ciclo de vida só foi definitivamente compreendido no final dos anos 60, com a descoberta do papel central do gato como hospedeiro definitivo que alberga o ciclo parasitário sexual e dissemina oocistos através das fezes. No mesmo período de tempo, foi classificado na subclasse dos coccídeos, filo Apicomplexa, e a infecciosidade dos três estágios parasitários (taquizoíto, cisto e oocisto) foi bem caracterizada. (Hutchison *et al.,* 1969, Frenkel *et al.,* 1970, Dubey e Frenkel, 1972).

A verdadeira importância da toxoplasmose nos seres humanos permaneceu desconhecida até aos primeiros relatos de casos de toxoplasmose congénita. A história da toxoplasmose clínica e o vasto espetro desta doença revelado ao longo dos anos foram revistos por Weiss e Dubey (2009). O papel crescente da infeção por *Toxoplasma* em doentes imunocomprometidos foi reconhecido em meados da década de 1970, e o conceito de reativação da infeção foi, desde então, amplamente explorado pelos imunologistas. Durante a última década, o desenvolvimento de novas ferramentas de genotipagem e a multiplicação de estudos de campo conduziram a avanços na compreensão da evolução filogenética do *T. gondii* no mundo, tendo sido alcançados avanços recentes no nosso conhecimento das virulências específicas associadas a alguns genótipos. (*Saeijet al.,* 2007, Mercier *et al.*, 2011).

Presume-se geralmente que cerca de 25 a 30% da população humana mundial está infetada pelo *Toxoplasma.* Na verdade, a prevalência varia muito entre países (de 10 a 80%) e, muitas vezes, dentro de um mesmo país ou entre diferentes comunidades na mesma região. Foram registadas seroprevalências baixas (10 a 30%) na América do Norte, no Sudeste Asiático, no Norte da Europa e nos países do Sahel em África. Prevalências moderadas (30 a 50%) foram registadas na Europa Central e do Sul, e prevalências elevadas na América Latina e em países tropicais de África (Montoya e Liesenfeld.2004; Pappaset *al.,*2009).

2.1 Biologia do parasita

Existem três estágios infecciosos de *T. gondii*: um taquizoíto invasivo que se divide rapidamente, um bradizoíto que se divide lentamente em cistos teciduais e um estágio ambiental, o esporozoíto, protegido dentro de um oocisto. Estas fases infecciosas são células em forma de crescente, com aproximadamente 5 µm de comprimento e 2 µm de largura, com uma extremidade apical pontiaguda e uma extremidade posterior arredondada. São limitadas por uma membrana complexa, denominada película, intimamente associada a um citoesqueleto envolvido na integridade estrutural e na motilidade da célula. Possuem um núcleo, uma mitocôndria, um complexo de golgi, ribossomas, um retículo endoplasmático e um organelo semelhante a um plastídeo com múltiplas membranas, denominado apicoplasto, resultado de uma possível aquisição pelo parasita através de uma endossimbiose secundária de uma alga vermelha de vida livre. (Dubey, 1998).

2.2 Ciclo de vida do *Toxoplasma gondii*

Os únicos hospedeiros definitivos conhecidos do *Toxoplasma gondii* são membros da família Felidae (gatos domésticos e seus parentes). A Figura 1 mostra o ciclo de vida do *Toxoplasma gondii*. Os oocistos não esporulados são libertados nas fezes do gato, embora os oocistos sejam normalmente libertados apenas durante 1-3 semanas, podem ser libertados em grandes quantidades. Os oocistos levam de 1 a 5 dias para esporular no ambiente e se tornarem infecciosos. Os hospedeiros intermediários na natureza (incluindo aves e roedores) são infectados após a ingestão de solo, água ou material vegetal contaminado com oocistos. Os oocistos transformam-se em taquizoítos pouco depois da ingestão. Estes taquizoítos localizam-se no tecido neural e muscular e desenvolvem-se em bradizoítos de quistos tecidulares. Os taquizoítos invadem todos os órgãos, especialmente os músculos (incluindo o coração), fígado, baço, gânglios linfáticos e sistema nervoso central (SNC). Os gatos são infectados depois de consumirem hospedeiros intermediários que albergam quistos tecidulares. Os gatos também podem ser infectados diretamente através da ingestão de oocistos esporulados. Os animais criados para consumo humano e a caça selvagem também podem ser infectados com quistos tecidulares após a ingestão de oocistos esporulados no ambiente. Os seres humanos podem ser infectados por qualquer uma destas vias:

- consumo de carne mal cozinhada de animais portadores de quistos tecidulares
- consumir alimentos ou água contaminados com fezes de gato ou amostras ambientais contaminadas (como solo contaminado com fezes ou mudar a caixa de areia de um gato de estimação)
- transfusão de sangue ou transplante de órgãos
- transmissão transplacentária (Ferguson *et al.*, 2009)

2.3 Via de transmissão de *T. gondii* aos seres humanos

O T. gondii é transmitido aos seres humanos por três vias principais. Em primeiro lugar, os seres humanos podem adquirir *T. gondii* através da ingestão de carne infetada crua ou inadequadamente cozinhada, especialmente carne de porco, carneiro e caça selvagem, ou alimentos não cozinhados que tenham estado em contacto com carne infetada. Em segundo lugar, os seres humanos podem inadvertidamente ingerir oocistos que os gatos tenham transmitido nas suas fezes, quer a partir de uma caixa de areia ou do solo (por exemplo, solo de jardinagem, em frutas ou legumes não lavados, ou em água não filtrada). Em terceiro lugar, as mulheres grávidas podem transmitir a infeção por via transplacentária ao feto. Em adultos, o período de incubação da infeção por *T. gondii* varia de 10 a 23 dias após a ingestão de carne mal cozinhada e de 5 a 20 dias após a ingestão de oocistos de fezes de gato (Belluco *et al.*, 2016).

- Hoffmann *et al.*, (2007) referiram que a toxoplasmose é a terceira causa mais comum de doenças alimentares fatais associadas à ingestão de carne de porco. Nos Estados Unidos, *o T. gondii* e a Listeria monocytogenes são os agentes patogénicos alimentares mais importantes na gravidez, e estes organismos podem induzir a morte ou doenças graves no feto e no recém-nascido.
- *O Toxoplasma gondii* é o terceiro fator que mais contribui para os problemas de saúde causados por doenças de origem alimentar. A ingestão de quistos de tecidos de carne mal cozinhada é uma fonte importante de transmissão horizontal aos seres humanos. No entanto, há uma sensibilização crescente para o consumo de frutas e legumes frescos, como uma possível fonte de transmissão de oocistos, uma vez que esta fase do parasita pode persistir e permanecer infecciosa no solo e na água durante muito tempo. (Merques *et al.*, 2020)
- Estima-se que a associação entre a infeção por *T. gondii*, uma zoonose de origem alimentar com uma distribuição global, cause até 20% da carga total de doenças de origem alimentar na Europa e que o consumo de frutas e legumes crus não lavados contaminados com oocistos e o hábito crescente de comer saladas pré-lavadas prontas a consumir represente um novo risco potencial para os consumidores. (Marco *et al.*, 2018).
- **2.4 Vias de infeção por *Toxoplasma gondii***
- O trato intestinal dos felinos é a única fonte de produção de oocistos *de T. gondii.* A transmissão aos seres humanos ocorre geralmente através da ingestão de oocistos de fontes contaminadas (por exemplo, solo, areia para gatos, vegetais de jardim e água) ou da ingestão de cistos teciduais em carne mal cozida de animais infectados. Embora a infeção fetal ocorra mais frequentemente após uma infeção aguda *por T. gondii* numa mulher grávida, também pode ocorrer após a reativação de uma infeção latente numa mulher grávida imunocomprometida (Lynfield e Guerina, 1997).
- Belford-Neto *et al.*, (2007), em Erechim (Rio Grande do Sul, Brasil), coletaram amostras de língua e diafragma de suínos obtidas em grandes e pequenos matadouros e utilizaram técnicas de biologia molecular para determinar a prevalência de *T. gondii*. Dezassete de 50 (34%) amostras do diafragma e 33 de 50 (66%) amostras da língua apresentaram uma reação

de PCR positiva para *T. gondii*.

- Em Londrina, no estado do Paraná, no Brasil, foram recolhidas 149 amostras de salsichas de oito fábricas. Utilizando um bioensaio em ratos, 13 (8,7%) amostras de salsichas foram positivas; numa delas foi isolado T. gondii e nas outras 12, os ratos soroconverteram (Dias *et al.*, 2005).

Nos Estados Unidos, o estudo de 698 pontos de venda a retalho determinou que a prevalência de cistos tecidulares viáveis *de T. gondii* em produtos de carne de porco fresca disponíveis no mercado era de 0,38% (Dubey *et al.*, 2005).

- Num estudo efectuado por Warnekulasuriya *et al.*, (1998), em Londres, *o T. gondii* foi detectado em amostras de carne curada pronta a consumir através da amplificação do gene P30 do parasita utilizando PCR. Foi detectado *T. gondii* viável em 1 (fiambre curado) de 67 amostras de carne curada pronta a consumir.

Aspinall *et al.*, (2002) analisaram, utilizando primers específicos para o locus SAG2 *de T. gondii*, 71 amostras de carne obtidas em estabelecimentos de venda a retalho do Reino Unido e verificaram que 27 das amostras de carne revelaram a presença deste parasita.

As mulheres em idade fértil infectadas com *T. gondii* antes da conceção raramente transmitem o parasita ao feto, mas as que ficam infectadas de forma aguda ou têm reativação de *T. gondii* durante a gravidez (ou seja, devido a imunossupressão) podem transmitir o organismo por via transplacentária. O risco de doença congénita é menor (10 a 25 por cento) quando a infeção materna ocorre durante o primeiro trimestre e maior (60 a 90 por cento) quando a infeção materna ocorre durante o terceiro trimestre. No entanto, a doença congénita é mais grave quando a infeção é adquirida no primeiro trimestre. O risco global de infeção congénita por infeção aguda *por T. gondii* durante a gravidez varia entre aproximadamente 20 e 50 por cento. A imunossupressão resultante da infeção pelo vírus da imunodeficiência humana (VIH) ou de terapias para doenças malignas, transplante de órgãos e doenças linfoproliferativas pode resultar na reativação da infeção latente *por T. gondii*. A reativação envolve mais frequentemente o SNC, e os sintomas podem incluir os de meningoencefalite ou uma lesão em massa. As mulheres com infeção por *T. gondii* reactivada podem transmitir o organismo por via transplacentária (Marchioro *et al.*, 2016, Rostami *et al.*, 2016).

Ouermi *et al.*, 2019, examinaram 292 amostras de produtos hortícolas - cenoura, pepino e alface - obtidas em nove explorações agrícolas na República Checa, utilizando a PCR tripla em tempo real dirigida a duas sequências específicas *de T. gondii*. Foram também incluídas a água de irrigação e a água utilizada para a lavagem dos produtos hortícolas. Foram registados 9,6% de casos positivos em produtos hortícolas. Verificou-se uma diferença significativa entre a positividade dos produtos hortícolas colhidos diretamente dos campos e a dos produtos hortícolas colhidos em armazéns agrícolas (4,4-8,6% vs 10-24,1%, respetivamente). Todas as amostras de água de irrigação e de água utilizada para enxaguar os produtos hortícolas foram negativas. A genotipagem baseada na análise de polimorfismo de comprimento de fragmentos de restrição (RFLP) utilizando sete marcadores revelou a presença exclusiva do genótipo II. Marchioro *et al.*, 2016, relataram a prevalência de *T. gondii* em 238 amostras de hortaliças coletadas, incluindo alface crespa, alface comum, chicória, rúcula e salsa, orgânicas e não orgânicas no noroeste do Paraná, sul do Brasil. Cada amostra (50 g) foi lavada e filtrada separadamente e a PCR foi realizada para detetar o DNA do parasita a partir do sedimento de cada amostra, usando os primers B1 (B22-23) e Toxo4-5. A contaminação foi relatada em 3,8% das amostras, 0,8% com o primer Toxo4-5 e 2,9% com B22-B23. Os resultados foram positivos em 0,6% (1/62) das amostras de alface lisa, 3,7% (4/106) de alface de cabeça estaladiça, 5,0% (2/40) de chicória, 14,3% (1/7) de rúcula e 20% (1/5) de salsa. Concluindo, há contaminação por *T. gondii* em legumes crus diretamente dos locais de produção e das lojas, tanto em amostras biológicas como não biológicas.

2.5 Epidemiologia

Aproximadamente 225.000 casos de toxoplasmose são registados todos os anos, resultando em 5000 hospitalizações e 750 mortes, tornando *o T gondii* a terceira causa mais comum de doença letal de origem alimentar nos Estados Unidos. As taxas de seropositividade nos Estados Unidos foram registadas entre 10% e 15%, embora as fontes variem e tenham sido estimadas taxas de infeção mais elevadas. (Jones *et al.*, 2007). Em geral, a incidência da infeção varia consoante o grupo populacional e a localização geográfica. Por exemplo, os hábitos culturais de uma população podem afetar a aquisição da infeção por *T. gondii* a partir da ingestão de quistos de tecido em carne mal cozinhada ou não cozinhada (Kaplan *et al.*, 2009). **2.5.1 Ocorrência de Toxoplasmose na Nigéria**

A população humana estimada para a Nigéria é superior a 160 milhões. A massa terrestre está dividida em seis zonas geopolíticas que incluem 36 Estados e um Território da Capital Federal. A ocorrência de toxoplasmose na Nigéria foi diagnosticada e notificada pela primeira vez num rapaz de 3 anos em 1950. Foi-lhe diagnosticada macrocefalia, hidrocefalia com evidência radiológica de calcificação intracraniana e aumento do coração (Jelliffe, 1951). Em 1972, um estudo relatou uma taxa de reação de 95% a um teste de corante entre nigerianos com coriorretinite e 72% entre o grupo de controlo. O estudo concluiu que muitos casos de coriorretinite focal estavam relacionados com o *T. gondii*. No entanto, devido à limitação do teste de coloração, foi impossível confirmar o agente causador deste caso clínico (Olurin *et al.*, 1972).

Emejuaiwe e colegas relataram uma incidência de toxoplasmose humana num dos Estados do

Sudeste, após o que se registou um surto de toxoplasmose animal num rancho de búfalos no extinto Estado de Bendel, atualmente Estados de Edo e Delta, com 11 mortes registadas em 200 animais. No meio do surto, foram encontrados quistos de tecido no cérebro de um búfalo, com níveis apreciáveis de anticorpos noutros animais examinados. (Emejuaiwe *et al.*, 1976). Em 1978, um relatório associava o aborto em animais à toxoplasmose, tendo sido registada uma prevalência de 4% em cabras do estado de Oyo (Falade, 1978).

Foram efectuadas várias investigações na Nigéria para determinar a seroprevalência de *T. gondii* nos seres humanos. Alguns estudos relataram a taxa de seroprevalência em mulheres grávidas e indivíduos com VIH/SIDA, bem como forneceram dados empíricos sobre a influência de determinadas caraterísticas demográficas na epidemiologia da doença. Foi registada uma seroprevalência variável da infeção por *T. gondii* em seres humanos na Nigéria, de acordo com as zonas geopolíticas (2005-2015). Os resultados dos estudos realizados entre 2005 e 2015 revelaram uma elevada prevalência registada nas zonas sudoeste e noroeste da Nigéria. No entanto, a prevalência nas zonas Sul-Sul e Sudeste era desconhecida. Em geral, nas zonas onde foram registados relatórios de seroprevalência humana, há uma prevalência média de 32% e a infeção pode ser assintomática, crónica ou aguda. (Aganga *et al.,* 1990, Onadeko *et al.*, 1996, Olusi *et al.*, 1996, Akinbami *et al.,* 2010, *Oyinloye et al.*, 2014,).

Foram descritas outras condições resultantes da infeção por *T. gondii*, incluindo mortes neonatais, prematuridade, hidrocefalia, retenção de placenta e nados-mortos (Deji-Agboola *et al.*, 2011, Alayande *et al.*, 2013).

Foram documentados estudos de casos e relatórios de praticamente todas as partes do país, com complicações mentais graves associadas à infeção por *T. gondii.* Isto foi observado num estudo de caso-controlo realizado em Benin, uma metrópole da Nigéria, em doentes apresentados a um centro psiquiátrico com base em perturbações psicóticas. Foi demonstrado que os pacientes tinham uma IgG específica para *T. gondii* significativamente mais elevada (Bawo *et al.*, 2013).

Ballah *et al.,* (2017), relataram a seroprevalência e o risco de infeção por *Toxoplasma gondii* entre mulheres grávidas no Federal Teaching Hospital Gombe, na Nigéria. No seu estudo, a prevalência mais elevada de *Toxoplasma gondii* foi registada entre as mulheres grávidas no segundo trimestre 57(33,5%) e as que se encontravam no grupo etário dos 0-19 anos 74(52,86%) e também as que possuíam gatos 50(55,6%). O estudo registou ainda uma associação significativa entre a prevalência de anticorpos *contra T. gondii* e o período de gestação, a idade das mulheres e a posse de gatos.

*Ibinabo et al., (*2016), realizaram um estudo para determinar a seroprevalência da infeção por *Toxoplasma gondii* e os factores de risco associados entre as mulheres grávidas no Hospital

Universitário de Port Harcourt, na Nigéria. Relataram que uma proporção significativa de mulheres grávidas foi exposta ao *Toxoplasma gondii*, com o fator de risco significativamente associado ao consumo de carne de vaca, que é uma prática comum em Port Harcourt.

Ifeoma et al., (2019), realizaram um estudo transversal para rastrear a ausência ou a presença de anticorpos anti-T. *gondii* IgM ou IgG e explorar os factores de risco associados em 261 mulheres grávidas que frequentaram clínicas pré-natais em hospitais selecionados no estado de Benue, na Nigéria. Das 261 mulheres grávidas, 19 (7,3%) e 108 (41,1%) eram seropositivas para IgM e IgG anti-T. *gondii*, respetivamente. A comparação dos resultados de IgM e IgG sugeriu que 4,4% apresentavam indícios de uma possível infeção primária, 38,7% de exposição prévia, 2,8% de possíveis infecções reactivadas ou crónicas e 51,8% eram susceptíveis à infeção por *T. gondii*. A natureza da habitação das mulheres foi significativamente associada à seropositividade IgM anti-T. *gondii*. As mulheres grávidas que viviam em casas de barro com telhados de colmo tinham três vezes mais probabilidades de serem seropositivas do que as que viviam em casas de betão/tijolo com telhados de alumínio/zinco.

2.5.2 Seroprevalência de T. *gondii* em humanos de outras partes do mundo

De acordo com Jeffrey *et al.* (2003), cerca de 85% das mulheres em idade fértil nos Estados Unidos são susceptíveis de contrair uma infeção aguda com o protozoário *Toxoplasma gondii*. Um inquérito serológico realizado no âmbito do terceiro inquérito nacional sobre saúde e nutrição revelou que 23% dos adolescentes e adultos e 15% das mulheres em idade fértil nos Estados Unidos apresentam provas laboratoriais de infeção por *T. gondii*. Embora a infeção por *T. gondii* em adultos seja geralmente assintomática ou associada a sintomas autolimitados (por exemplo, febre, mal-estar, linfadenopatia), a infeção numa mulher grávida pode causar graves problemas de saúde se o parasita for transmitido ao feto.

Cosme *et al.,* (2006) determinam a prevalência da infeção por *T. gondii* e as caraterísticas sociodemográficas, clínicas e comportamentais associadas numa população de mulheres grávidas da cidade de Durango, México. Vinte e uma das 343 (6,1%) mulheres tinham anticorpos IgG anti-T. *gondii*. Nenhuma das 343 mulheres tinha anticorpos IgM anti-T. *gondii*. O estudo referiu ainda que a infeção por *T. gondii* estava associada ao facto de se viver numa casa com chão de terra e que o consumo de carne de peru contribuía para a aquisição da infeção por *T. gondii*.

Khalil *et al.,* (2009) efectuaram um estudo para determinar a prevalência de toxoplasmose latente entre 255 mulheres grávidas de duas aldeias no Estado de EL Geizera, Sudão. Relataram uma seroprevalência global de 73,1%, utilizando o teste imunofluorescente indireto (IIFT). A prevalência foi de 60,7% em EL Nuba e de 87,3% em EL Massoudia. A seroprevalência foi de 62,3, 73,1 e 72,3% utilizando os outros três testes de rastreio LAT, ELISA IgG e CFT, respetivamente. A infeção foi mais elevada na aldeia de EL Massoudia ($p<0,001$). Concluíram que havia uma prevalência considerável de infeção por *Toxoplasma* entre as mulheres rurais e apoiaram a preocupação de que as mulheres rurais no Sudão possam ser vulneráveis a essa infeção.

Num estudo realizado por Abdelaziz *et al*, (2013), para determinar a seroprevalência e os factores de risco para *T. gondii* em mulheres com aborto espontâneo precoce no Egito, os soros de 76 mulheres com aborto espontâneo foram analisados para deteção de anticorpos IgG e IgM *específicos para Toxoplasma* com o ELIZA. O estudo indicou que 35 mulheres eram seropositivas para IgG, enquanto 14 mulheres eram seropositivas para IgM, o que corresponde a taxas de seropositividade de 46,1% e 18,4% para IgG e IgM, respetivamente.

Sarman *et al.* (2014) efectuaram um estudo transversal em 1464 mulheres em idade fértil recrutadas em 4 regiões, incluindo 203 do norte, 512 do sul, 250 do leste e 501 do oeste da Índia. A maioria das mulheres encontrava-se no grupo etário dos 18-25 anos (48,3%), seguido dos 26-30 anos (28,2%) e dos 31-35 anos (13,66). Registaram uma prevalência global de 22,40% de anticorpos IgG *contra o Toxoplasma.* Referiram ainda que a prevalência aumentava regularmente com a idade: 18,1% no grupo etário dos 18-25 anos e 40,5% nas mulheres com mais de 40 anos. A prevalência era mais elevada (66%) nas mulheres que residiam em casas de barro. Foi também referido que a prevalência mais elevada foi observada no Sul da Índia (37,3%) e a mais baixa (8,8%) nas mulheres das Índias Ocidentais. A prevalência foi de 21,2% no Leste da Índia e de 19,7% no Norte da Índia. A taxa de positividade de IgM variou entre 0,4% e 2,9% em quatro centros de estudo.

Fanigliuloet al., (2017), realizaram um estudo serológico para avaliar a prevalência de *Toxoplasma gondii* em duas populações de mulheres em idade fértil em Siena (Toscana, Itália Central) e Bari (Apúlia, Sul de Itália) entre 2013 e 2017 e num grupo de mulheres grávidas em Bari em 2016-2017. A percentagem de indivíduos seropositivos em Bari foi significativamente mais elevada do que em Siena (22,4% vs. 12,4%) e foi observada uma tendência relacionada com a idade. Foi observada uma baixa prevalência de infeção por *T. gondii* (13,8%) entre as mulheres grávidas testadas. Os resultados confirmam uma tendência para a diminuição, especialmente em pessoas mais jovens e mulheres grávidas.

Foi realizado um estudo transversal em 90 mulheres em idade fértil na Faculdade de Medicina e Ciências da Saúde da Universidade de Hodeidah, no Iémen. Das 90 mulheres em idade fértil, 14,5% eram seropositivas para anticorpos anti-toxoplasma de imunologlubolina G (IgG) e 14,4% para imunologlobina (IgM). A prevalência mais elevada de Toxoplasma IgG foi de 16,2% entre os pais trabalhadores da amostra do estudo. A seropositividade dos anticorpos IgG *de T. gondii* foi de 42,9% entre as mulheres grávidas que exibiam Khat, enquanto os anticorpos IgM foram de 14,3%. (Ahmed *et al.,* 2018)

Olariu e colegas, (2007) na Roménia, investigaram a prevalência de anticorpos *contra o Toxoplasma gondii* entre mulheres em idade fértil com idades compreendidas entre os 14 e os 45 anos no condado de Timis. Os anticorpos *contra o T. gondii* foram demonstrados em 106 (57,6%) de 184 mulheres e a sua presença pareceu aumentar com a idade: 33,3% em mulheres com idades inferiores a 20 anos contra 71,4% em mulheres com idades superiores a 40 anos (p=0,008). Foi registada uma elevada prevalência de anticorpos *contra T. gondii* em mulheres em idade fértil de zonas rurais (70%), em contraste com as de regiões urbanas (48,1%) (p=0,002).

Amir *et al.*, (2016), avaliam a prevalência de anticorpos IgM e IgG anti-T. *gondii* e os factores de risco associados entre mulheres em idade fértil que recorrem a centros de aconselhamento antes do casamento na cidade de Kerman, no sudeste do Irão. Das 300 amostras de soro, 38 (12,6 %) foram seropositivas para anticorpos anti-T. *gondii*; 31 (10,3 %) amostras foram seropositivas apenas para anticorpos IgG, 1 (0,33 %) foi seropositiva tanto para IgM como para IgG e 6 (2,0 %) foram positivas apenas para anticorpos IgM. O estudo refere ainda que a seroprevalência de anticorpos anti-T. *gondii* aumentou com a idade ($p < 0,05$). Os resultados revelaram que mais de três quartos das mulheres em idade fértil estudadas na presente investigação são susceptíveis de infeção durante a gravidez.

2.5.3 Prevalência da toxoplasmose em animais

Praticamente todos os animais de sangue quente são susceptíveis de serem infectados com *T. gondii*. Desde o primeiro registo de toxoplasmose no cão, investigações subsequentes que foram realizadas noutros animais demonstraram *a presença de T. gondii* em bovinos, ovinos, caprinos e suínos do norte da Nigéria. *O T. gondii* também foi registado em rebanhos nómadas, clínicas veterinárias e ranchos (Aganga *et al.*, 1981, *Okoh et al.,* 1981).

Dos 70 cavalos de Kaduna, Kano e Jos reunidos em Zaria para o torneio nacional anual de pólo, até 26 (37%) eram seropositivos para a infeção por *T. gondii* com o título serológico mais elevado de 1: 256. Além disso, a prevalência de 45% de infeção por *T. gondii* foi de 250 frangos de raça local de Zaria (Aganga e Belino, 1984).

Além disso, estudos realizados em bovinos, ovinos, caprinos e suínos da região do Delta do Níger registaram taxas de seropositividade de 33%, 75%, 82% e 69%, respetivamente, para a infeção por *T. gondii* (Arene, 1984). Foi também registada uma seroprevalência de 100% no roedor da África Ocidental, *Thryonomys swinderianus* (Temminck), vulgarmente designado por cortador de erva, uma fonte de carne muito apreciada. Estas são indicações claras de que estes animais podem ser potenciais reservatórios de *T. gondii* (Arene, 1984). Foi registado que um terço da população humana mundial está infetada com o parasita protozoário *T. gondii* e que o peso da toxoplasmose está ao mesmo nível que a salmonelose ou a campilobacteriose (Kijlstra e Jongert, 2008).

Embora os surtos de toxoplasmose tenham sido principalmente relacionados com a ingestão de carne mal cozinhada, alguns surtos podem ser atribuídos à ingestão de leite; *o T. gondii* foi isolado no leite de vacas naturalmente infectadas (Hiramoto *et al.*, 2001).

No Brasil, entre 1999 e 2008, ocorreram quatro surtos de toxoplasmose associados à ingestão de água e/ou alimentos contaminados, de acordo com o Ministério da Saúde do Brasil (Secretaria de Vigila'ncia em Sau'de (SVS) do Brasil, 2009).

Um estudo de Hiramoto *et al.*, (2001) avaliou a infecciosidade de quistos da estirpe ME-49 de *T. gondii* em leite bovino artificialmente infetado e em queijo fresco caseiro derivado. A infecciosidade dos quistos da estirpe ME-49 de *T. gondii* foi mantida no leite mesmo após armazenamento durante 20 dias à temperatura do frigorífico. Os cistos também foram capazes de sobreviver ao processo de produção de queijo fresco caseiro e ao armazenamento por um período de 10 dias nas mesmas condições.

Um surto de toxoplasmose ocular adquirida envolvendo 248 pessoas na Índia foi relatado por Balasundaram *et al.*, (2010). A fonte suspeita da infeção foi a água potável municipal. **2.6 Factores de risco**

Foi referido que o elevado nível de seroprevalência nas crianças se deve ao seu contacto relativamente frequente com o solo contaminado. Em relação à profissão, os agricultores correm um risco mais elevado de contrair a infeção do que os outros. Outros profissionais com um risco relativamente mais elevado são os trabalhadores de matadouros que, por vezes, comem carne durante a evisceração, uma prática que pode permitir a ingestão de quistos de tecidos de animais infectados (Alayande *et al.*, 2012, Gyang *et al.*, 2015).

A seroprevalência mais elevada de anticorpos contra *T. gondii* foi associada ao hábito de comer roedores. Por conseguinte, a posse de animais como gatos e cães pode pressagiar um possível risco de propagação da doença. Por exemplo, um relatório mostrou que a seroprevalência de 46% das pessoas que têm gatos/cães era significativamente mais elevada do que as pessoas que não têm gatos/cães (16%) (Olusi *et al.*, 1994, Uttah *et al.*, 2013).

As implicações para a saúde pública foram argumentadas por Okoli (1985), segundo o qual alguns grupos étnicos da Nigéria poderiam correr um risco elevado de infeção porque consomem carne de cão que se sabe ser suscetível. Além disso, o consumo de carne de vaca mal cozinhada infetada é um fator de risco para a aquisição de *T. gondii*. Outros factores de risco incluem a origem da água, o consumo de leite de vaca não pasteurizado e o consumo de vegetais crus (Akanmu *et al.*, 2010, Okwuzu *et al.*, 2015).

Além disso, o consumo de carne de vaca mal cozinhada infetada é também um fator de risco para a aquisição de *T. gondii.* (Akanmu *et al.*, 2010).

2.7 Patogénese

Os oocistos *de T. gondii* são ingeridos em material contaminado por fezes de gatos infectados. Os oocistos também podem ser transportados para os alimentos por moscas e baratas. Quando *o T gondii* é ingerido, os bradizoítos são libertados dos quistos ou os esporozoítos são libertados dos oocistos, e os organismos entram nas células gastrointestinais. Os receptores das células hospedeiras, constituídos por laminina, lectina e SAG1, estão envolvidos na fixação e penetração dos taquizoítos *de T gondii*. Os taquizoítos multiplicam-se, rompem as células e infectam células contíguas. São transportados através dos linfáticos e disseminados hematogenicamente pelos tecidos. A capacidade do *T gondii* de penetrar ativamente nas células hospedeiras resulta na formação de um vacúolo parasitóforo derivado da membrana plasmática, que é totalmente distinto de um compartimento fagocítico ou endocítico normal. Após a fixação apical, o parasita entra rapidamente na célula hospedeira num processo que é significativamente mais rápido do que a fagocitose. O vacúolo é formado principalmente pela invaginação da membrana plasmática da célula hospedeira, que é puxada sobre o parasita através da ação concertada do citoesqueleto de actina-miosina do parasita. Durante a invasão, a célula hospedeira é essencialmente passiva e não é detectada qualquer alteração na membrana, no citoesqueleto de actina ou na fosforilação das proteínas da célula hospedeira (Martin *et al.*, 2007).

2.8 Manifestações clínicas

O Toxoplasma gondii pode persistir no hospedeiro durante um longo período, mesmo durante toda a vida do hospedeiro. Raramente causa doença numa pessoa imunocompetente e apenas alguns indivíduos infectados apresentam sinais ou sintomas de infeção (Remington 1974, Pusch *et al.* 2009,).

Alguns dos sinais e sintomas da infeção por *T. gondii* incluem apatia, fadiga, dor de cabeça, transpiração excessiva, dores musculares e articulares. Pode haver febre auto-limitada, retinocoroidite e, por vezes, erupção cutânea maculopapular. Estas manifestações podem durar uma ou várias semanas (Benenson *et al.*, 1982; Luft e Remington 1984, Bowie *et al.*, 1997; Ho-Yen, 2001).

Devido à sobreposição dos sintomas da toxoplasmose e de outras doenças infecciosas, como a malária, a gripe, as síndromes virais e a mononucleose, a toxoplasmose aguda não é frequentemente diagnosticada e, por conseguinte, é subnotificada. Suspeita-se que uma pessoa esteja infetada com *T. gondii* se os sintomas anteriores forem acompanhados de uma linfadenopatia cervical. No entanto, as manifestações clínicas são alegadamente comuns em determinados grupos etários, em especial os que têm menos de 15 anos de idade (Beverley *et al.*, 1976; McCabe *et al.*, 1987; Dubey e Beattie 2010).

As complicações são pronunciadas em pessoas com imunidade comprometida com malignidades e terapia antitumoral ou síndrome de imunodeficiência adquirida (SIDA). Em indivíduos com SIDA, esta doença pode levar à morte, no entanto, sintomas como encefalite, convulsões, hemiparesia, défices focais subagudos, ansiedade, perda de consciência, dor de cabeça e outros distúrbios mentais podem ocorrer após a rutura do quisto no cérebro (Weiss e Kim 2007; Emeka *et al.*, 2010; Philip *et al.*, 2015).

Além disso, os sinais e sintomas da toxoplasmose congénita são microcefalia ou hidrocefalia, aborto, nado-morto, malformação ocular (como a corioretinite),
hepatoesplenomegalia, linfadenopatia e anomalias do sistema nervoso central (SNC) (Lynfield e Guerina, 1997).

2.8.1 Toxoplasmose congénita

Esta situação é mais grave quando a infeção materna ocorre no início da gravidez. Aproximadamente 15-55% das crianças infectadas congenitamente não têm anticorpos IgM específicos para o *T gondii* detectáveis à nascença ou na primeira infância. Cerca de 67% dos doentes não apresentam sinais ou sintomas de infeção. A retinocoroidite ocorre em cerca de 15% dos doentes e as calcificações intracranianas desenvolvem-se em cerca de 10%. A pleocitose do líquido cefalorraquidiano (LCR) e os valores elevados de proteínas estão presentes em 20% dos doentes. Os recém-nascidos infectados apresentam anemia, trombocitopenia e iterícia à nascença. Foi registada microcefalia. Os sobreviventes afectados podem apresentar atraso mental, convulsões, defeitos visuais, espasticidade, perda de audição ou outras sequelas neurológicas graves. A prevalência de perda auditiva neuronal é de 28% em crianças que não recebem tratamento.

2.8.2 Toxoplasmose ocular

Os doentes desenvolvem retinocoroidite (retinite necrotizante focal). Apresentam uma mancha de algodão elevada, branca amarelada, com margens indistintas. As lesões podem ocorrer em pequenos grupos. A doença congénita é geralmente bilateral e a doença adquirida é geralmente unilateral.(Salviz *et al.*, 2013) Os sintomas incluem os seguintes:

- Deficiência visual - súbita ou gradual, dependendo do local da infeção
- Visão turva
- Escotoma
- Dor
- Fotofobia
- Flutuadores

- Olho vermelho
- Metamorfopsias. (Salviz *et al.*, 2013)

2.8.3 Efeitos da toxoplasmose nas perturbações mentais

Investigações recentes sugeriram que a toxoplasmose crónica pode desempenhar vários papéis na etiologia de diferentes perturbações mentais. Numerosos estudos clínicos avaliaram a prevalência de anticorpos *anti-Toxoplasma* em doentes com esquizofrenia e outras formas de perturbações psiquiátricas graves. O mecanismo mais provável através do qual *o T gondii* poderia causar esquizofrenia é afectando neurotransmissores em áreas cerebrais conhecidas por estarem envolvidas na esquizofrenia. De acordo com estes estudos, os bradizoítos de *T. gondii* afectam a dopamina e outros neurotransmissores em roedores e seres humanos. Alguns estudos investigaram também a associação entre a infeção por *T. gondii* e as doenças de Parkinson e Alzheimer. (Yolken *et al.*, 2009, Kusbeii *et al.*, 2011, Flegr, 2013).

2.8.4 Infeção em doentes imunocomprometidos

A maioria dos casos de toxoplasmose em doentes imunocomprometidos é uma consequência de infeção latente e reativação. Em doentes com SIDA, os quistos tecidulares *de T gondii* podem reativar-se com contagens de CD4 inferiores a 200 células^L; com contagens inferiores a 100 células^L, a doença clínica torna-se mais provável. Sem profilaxia adequada ou restauração da função imunológica, os pacientes com contagens de CD4 inferiores a 100 células^L que são positivos para anticorpos IgG contra *T gondii* têm um risco de 30% de eventualmente desenvolver doença de reativação. (Luft *et al.*, 1992).

2.9 Diagnóstico

2.9.1 Deteção direta

O diagnóstico de toxoplasmose é confirmado com a demonstração de organismos *T gondii* no sangue, fluidos corporais ou tecidos. *O T gondii* pode ser isolado do sangue através da inoculação de linhas celulares humanas ou da inoculação em ratos. O isolamento de *T gondii* do líquido amniótico é um diagnóstico de infeção congénita por inoculação em ratos. (Florence *et al.*, 2012).

2.9.2 Diagnóstico molecular e reação em cadeia da polimerase (PCR)

Os métodos de diagnóstico molecular da toxoplasmose incluem técnicas como a reação em cadeia da polimerase (PCR) convencional, a PCR aninhada e a PCR em tempo real para a deteção do ADN *do T gondii* em amostras clínicas. O protocolo original para a deteção molecular de *T gondii* utilizando a PCR convencional visava o gene *B1*. Estudos também descreveram a deteção de *T gondii* com base na amplificação de fragmentos ITS-1 e 18S rDNA, um método cuja sensibilidade era semelhante à do gene *B1*.

De acordo com estudos recentes, o elemento repetitivo de 529 pb de comprimento demonstrou uma sensibilidade que é 10 vezes superior à sensibilidade utilizando o gene *B1*. A deteção por PCR em tempo real do ADN *do T gondii* com base no elemento repetitivo de 529 pb é a abordagem de diagnóstico molecular mais frequentemente utilizada para a toxoplasmose. O ensaio de reação em cadeia da polimerase (PCR) em fluidos corporais, incluindo o LCR, o líquido amniótico, o líquido de lavagem bronco-alveolar e o sangue, pode ser útil no diagnóstico. No entanto, o ensaio de PCR é capaz de detetar o ácido desoxirribonucleico (ADN) *do T gondii* numa amostra aquosa ou numa amostra vítrea em apenas um terço dos doentes com toxoplasmose ocular (Abdul-Ghani *et al.*, 2011)'

2.9.3 Deteção indireta

A deteção indireta é realizada em mulheres grávidas e em doentes imunocomprometidos. A deteção da imunoglobulina G (IgG) é possível no prazo de 2 semanas após a infeção através do teste de imunoabsorção enzimática (ELISA), do teste de avidez da IgG e dos testes de aglutinação e de aglutinação diferencial. (Os soros agudos e convalescentes não têm qualquer papel na deteção indireta da toxoplasmose (Florence *et al.,* 2012).

Procedimentos

Os seguintes procedimentos de diagnóstico podem ser efectuados para a toxoplasmose:

- Punção lombar - Após imagiologia para identificar evidências de aumento da pressão intracraniana
- Biópsia cerebral
- Biópsia de gânglios linfáticos
- Amniocentese - Realizar amniocentese às 20-24 semanas de gestação se houver suspeita de doença congénita
- Lavagem broncoalveolar (Tlamcani *et al.*, 2013)

2.10Tratamento

Atualmente, os medicamentos recomendados para o tratamento da toxoplasmose actuam principalmente contra a forma taquizoíta do *T gondii*; por conseguinte, não erradicam a forma encistada (bradizoíta). A pirimetamina é o agente mais eficaz e está incluída na maioria dos regimes de tratamento. A leucovorina (ou seja, ácido folínico) deve ser administrada concomitantemente para evitar a supressão da medula óssea. A menos que as circunstâncias impeçam a utilização de mais de um fármaco, deve ser adicionado um segundo fármaco (por exemplo, sulfadiazina, clindamicina). (Sobrin *et al.*, 2007).

A eficácia da azitromicina, claritromicina, atovaquona, dapsona e cotrimoxazol não é clara; por conseguinte, devem ser utilizadas apenas como alternativas em combinação com a pirimetamina. A combinação terapêutica disponível mais eficaz é a pirimetamina mais sulfadiazina ou trissulfapirimidinas (por exemplo, uma combinação de sulfamerazina, sulfametazina e sulfapirazina). Estes agentes são activos contra os taquizoítos e são sinérgicos quando utilizados em combinação. É necessária uma atenção cuidadosa ao regime de dosagem, uma vez que este varia consoante as variáveis do doente (por exemplo, estado imunitário, gravidez). A pirimetamina pode ser utilizada com sulfonamidas, quinino e outros antimaláricos e com outros antibióticos. (Soheilian *et al.*, 2011)

2.10.1 Pacientes não grávidas

As doentes imunocompetentes e não grávidas normalmente não necessitam de tratamento. O tratamento de doentes não grávidas é descrito abaixo.

O regime de 6 semanas é o seguinte:

- Pirimetamina (dose de carga de 100 mg por via oral seguida de 25-50 mg/dia) mais sulfadiazina (2-4 g/dia dividida 4 vezes ao dia) **ou**
- Pirimetamina (dose de carga de 100 mg por via oral seguida de 25-50 mg/dia) mais clindamicina (300 mg por via oral 4 vezes por dia)
- O ácido folínico (leucovorina) (10-25 mg/dia) deve ser administrado a todos os doentes para prevenir a toxicidade hematológica da pirimetamina
- Trimetoprim (10 mg/kg/dia) sulfametoxazol (50 mg/kg/dia) durante 4 semanas. (Soheilian *et al.*, 2005).

2.10.2 Pacientes grávidas

O diagnóstico de infeção aguda é muitas vezes difícil de fazer durante a gravidez e a administração de terapia antimicrobiana empírica é desencorajada.

Um regime de dosagem para pacientes grávidas é o seguinte:

- Espiramicina 1 g por via oral de 8 em 8 horas
- Se o resultado do teste do líquido amniótico para *T gondii* for positivo: 3 semanas de pirimetamina (50 mg/dia por via oral) e sulfadiazina (3 g/dia por via oral em 2-3 doses divididas) alternando com um curso de 3 semanas de espiramicina 1 g 3 vezes por dia para tratamento materno **ou**
- Pirimetamina (25 mg/dia por via oral) e sulfadiazina (4 g/dia por via oral) divididos 2 ou 4 vezes por dia até ao parto (este agente pode estar associado a supressão da medula óssea e pancitopenia) **e**
- Leucovorina 10-25 mg/dia por via oral para evitar a supressão da medula óssea. (Soheilian *et al.,* 2005).

2.11 Prevenção e controlo

Todas as pessoas, incluindo os doentes imunocompetentes, devem ser informadas sobre os factores de risco da toxoplasmose e as formas de minimizar os riscos. A prevenção da toxoplasmose é particularmente importante em doentes imunocomprometidos seronegativos e em mulheres grávidas. As precauções contra a doença incluem o seguinte:

- Evitar comer carne crua, leite não pasteurizado e ovos não cozinhados, ostras, amêijoas e mexilhões.
- Lavagem das mãos depois de tocar em carne crua.
- Usar luvas quando estiver a jardinar ou a manusear o solo e lavar as mãos depois.
- Lavagem de frutas e legumes.
- Evitar o contacto com fezes de gato; no entanto, as mulheres grávidas e as pessoas com infeção por VIH que têm gatos não correm um risco acrescido de toxoplasmose em comparação com pessoas que não têm gatos. (Dunay *et al.*, 2018).
- Os gatos domésticos devem ser mantidos dentro de casa e devem ser feitos esforços para reduzir a probabilidade de entrada de hospedeiros intermediários no agregado familiar (por exemplo, roedores, etc.).
- Deve-se consumir água filtrada ou engarrafada se se viver ou viajar numa região endémica
- O marisco deve ser bem cozinhado para inativar os oocistos. Aquecer os oocistos a 80°C durante

2 min demonstrou torná-los inviáveis (Travaille *et al.,* 2016).

Mais recentemente, as tecnologias modernas de processamento de alimentos que utilizam a irradiação ou o tratamento a alta pressão foram analisadas para a inativação do parasita com resultados promissores (Kijlstra e Jongert, 2008).

Foi demonstrado que o processamento a alta pressão (HPP) a 340, 400, 480 e 550 MPa inativa Oocistos *de T. gondii* em condições experimentais (Lindsay *et al.,* 2005). *T. gondii* em cistos de tecido e oocistos também são mortos pela exposição a 0,5 krad de irradiação g (Dubey e Thayer, 1994).

CAPÍTULO 3

METODOLOGIA

3.1 Considerações éticas

Antes do início do estudo, o protocolo de investigação foi submetido e aprovado pelo Comité de Ética e Investigação do Instituto de Saúde Pública, Faculdade de Ciências da Saúde, Universidade Obafemi Awolowo, Ile Ife Osun State. Nigéria (Protocolo n.º IPHOAU/12/1318). Foram obtidos consentimentos informados por escrito de todas as mulheres e a confidencialidade foi assegurada através da utilização de códigos.

3.2 Área de estudo

O estudo foi realizado em sete comunidades selecionadas aleatoriamente: Ile Ife, (Ife Central L.G.A), Ifewara, (Atakunmosa West L.G.A), Edunagbon, (Ife North L.G.A), Ikire, (Irewole L.G.A), Alajue, (Ede South L.G.A), Erin Ijesa (Oriade L.G.A) e Kajola, (Atakunmosa West L.G.A) no Estado de Osun. O Estado está situado na zona de floresta tropical húmida. Cobre uma área de aproximadamente 14 875 km2 e situa-se entre a latitude 7° 30' 0" N e a longitude 4° 30' 0" E. Embora seja um Estado sem litoral, é abençoado com a presença de muitos rios e ribeiros que servem as necessidades de água do Estado. Os principais grupos sub-étnicos do Estado de Osun são Ife, Ijesha, Oyo, Ibolo e Igbomina do povo iorubá, embora também existam pessoas de outras partes da Nigéria. As línguas principais são o ioruba e o inglês. A população do Estado de Osun pratica o Islão, o Cristianismo e a sua antiga religião, a fé tradicional.

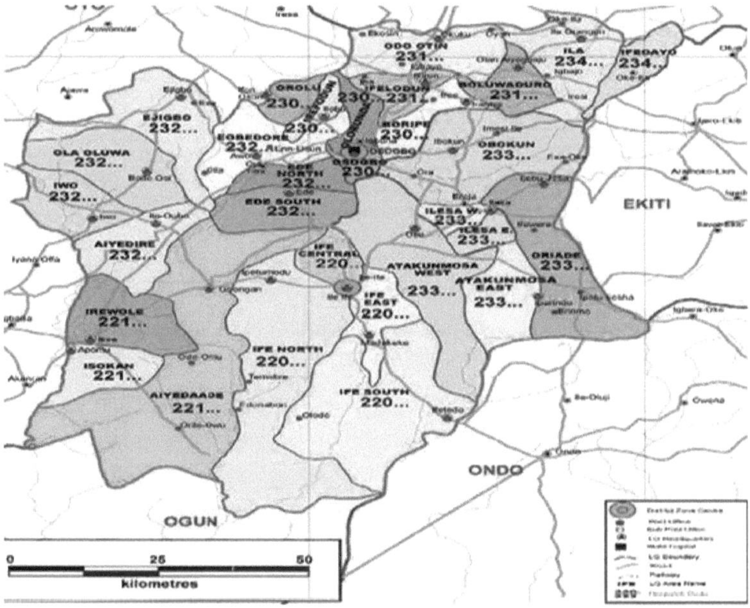

Figura 2: Mapa das zonas governamentais locais do Estado de Osun (crj.chutmariolazabal.space)

3.3 População do estudo

A população do estudo é constituída por mulheres em idade fértil (grávidas e não grávidas) que frequentam a clínica mensal organizada por uma organização não governamental (ONG), a St. Andrew's Clinic for Children. Durante a clínica mensal organizada pela STACC, as mulheres que trouxeram os seus filhos para receberem cuidados médicos foram abordadas e o objetivo do estudo foi discutido com elas. Depois disso, foi-lhes explicado o procedimento a adotar. As mulheres foram informadas de que apenas as que assinassem o formulário de consentimento poderiam participar no estudo. Foram também informadas de que a participação é voluntária e que podem desistir de participar em qualquer altura, se assim o desejarem.

3.4 Conceção do estudo

O estudo foi realizado entre março de 2019 e setembro de 2019. Um total de 430 soros foram recolhidos por venopunção por um cientista de laboratório médico. Antes da recolha das amostras de sangue, foram administrados questionários estruturados às mulheres por assistentes de investigação com formação. Os questionários foram concebidos para recolher informações demográficas básicas, incluindo a idade, a localização da residência, o tipo de piso da casa, a profissão e o nível de escolaridade. Outras informações recolhidas incluem também o estado de gravidez, a presença de gatos em casa, o contacto com gatos, a fonte de água potável, o consumo de carne crua/não cozinhada, a lavagem das mãos após o manuseamento de carne crua, a exposição ao solo , o conhecimento dos participantes no estudo sobre a toxoplasmose.

3.5 Tamanho da amostra

A dimensão da amostra dos sujeitos foi determinada com base na fórmula:

Z2P(1 - q)

Onde; **SS (N)** = dimensão da amostra

Z= grau de confiança (ou seja, intervalo de confiança de 95% que resultará em 1,96) d = precisão (5%= 0,05)

p = a proporção da população-alvo que se estima estar infetada é fixada em 0,5, uma vez que não existe nenhum estudo anterior na Nigéria.

q= 1-p

SS= 1,96x 0,5x (1-0,5) =384

0.05^2

A dimensão da amostra foi aumentada em 10% para ter em conta o atrito = 422 (dimensão mínima da amostra que pode ser obtida), mas foi recolhido um total de 430 amostras após a obtenção da autorização ética e do consentimento verbal dos doentes.

3.6 Recolha e processamento de amostras

Foram colhidos cinco (5) ml de sangue por venopunção para um tubo de colheita de sangue simples. As amostras de soro foram separadas por centrifugação das amostras de sangue a 3000 rpm durante 5 minutos. O soro foi recolhido com um tubo eppendorf e armazenado num congelador até ser transportado para o Laboratório de Parasitologia, Departamento de Parasitologia Molecular e Doenças Tropicais, Faculdade de Medicina, Universidade Médica de Taipei, Cidade de Taipei, Taiwan, para análise molecular para detetar a presença de IgG e IgM.

3.7 Análises laboratoriais (técnica ELISA)

Os soros foram analisados quanto à presença de anticorpos IgG e IgM contra o *T. gondii* através de um kit de ensaio imunoenzimático (ELISA) disponível no mercado (Demeditec Diagnostics GmbH, Alemanha), realizado de acordo com as instruções do fabricante. A sensibilidade e a especificidade do kit foram de 98% e 99%, respetivamente. As densidades ópticas dos alvéolos foram medidas por um fotómetro a um comprimento de onda de 450 nm.

3.8 Análise de dados

A análise dos dados foi efectuada utilizando a ferramenta apropriada Statistical Package for the Social Sciences versão 21.0. A seroprevalência foi calculada como o número de amostras serologicamente positivas dividido pelo número total de amostras testadas. O teste do Qui-quadrado foi utilizado para determinar as associações entre a seropositividade e os potenciais factores de risco. A força das associações foi avaliada por rácios de probabilidades e foram calculados intervalos de confiança (IC) de 95%. Foi utilizado um modelo de regressão logística para avaliar os valores preditivos dos potenciais factores de risco .

CAPÍTULO 4

RESULTADOS

4.1 Seroprevalência da toxoplasmose em mulheres em idade fértil em comunidades selecionadas no Estado de Osun

Das quatrocentas e trinta (430) amostras examinadas, trezentas e vinte e oito (328) foram positivas com 76,28% de seroprevalência de *T.gondii* entre as mulheres em idade fértil em sete comunidades selecionadas no estado de Osun. Dos 76,28% positivos para a infeção por *Toxoplasma gondii*, 70,0% (301/430) eram positivos para IgG *anti-T. gondii*, enquanto 32,3% (139/430) eram positivos para IgM, e 26,7% (115/430) eram positivos tanto para IgG como para IgM.

4.2 Caraterísticas sociodemográficas da população do estudo

Participaram no estudo 430 mulheres em idade fértil. A maioria das mulheres que participaram, 29,1% (125/430), tinha entre 25 e 29 anos, 49,8% (214/430) eram artesãs, 67,9% (292/430) frequentavam o ensino secundário e 64,2% (276/430) residiam na zona rural (Quadro 4.1).

Tabela 4.1: Caraterísticas sócio-demográficas da população estudada de mulheres de Idade fértil em comunidades selecionadas no Estado de Osun. (N=430)

Variáveis	Número examinado	Percentagem (%) na piscina
Cidade dos Sujeitos		
Alajue (Rural)	27	6.3
Edunabon (Rural)	50	11.6
Erin Ijesha (Rural)	64	14.9
Ile Ife (Peri urbano)	90	20.9
Ifewara (Rural)	86	20.0
Ikire(Peri urbano)	74	17.2
Kajola (Rural)	39	9.1
Grupo etário (em anos)		
15-19	21	4.9
20-24	112	26.0
25-29	125	29.1
30-34	99	23.0
35-39	52	12.1
>=40	21	4.9
Ocupação dos sujeitos		

Comércio	163	27.9
Artesão	214	49.8
Estudante	6	1.4
Funcionário público	31	7.2
Esposas domésticas	16	3.7
Nível de instrução do temas		
Nenhum	24	5.6
Primário	65	15.1
Secundário	292	67.9
Terciário	49	11.4
Residência dos sujeitos		
Periurbano	154	35.8
Rural	276	64.2

4.3 Seroprevalência da infeção por *Toxoplasma gondii* em relação às comunidades selecionadas no Estado de Osun

A Tabela 4.2 mostra a prevalência da infeção por *Toxoplasma gondii* relativamente às comunidades selecionadas. A partir da tabela, a prevalência geral da infeção foi de 76,3%, a prevalência da infeção foi mais baixa nas mulheres de Ile-Ife (58,9%) e mais alta nas mulheres de Alajue (100%). A prevalência da infeção noutras comunidades varia entre 62,0% e 89,7%. Existe uma diferença significativa na prevalência de *T. gondii* nas comunidades. (χ^2 =37,164, **p= 0,000).**

Tabela 4.2: Seroprevalência da infeção por *Toxoplasma gondii* em relação aos comunidades do Estado de Osun.

Comunidade	Não Examinado	Não Infetado	Prevalência (%)
Ile Ife	90	53	58.9
Edunabon	50	31	62.0
Erin- Ijesha	64	49	76.6
Ikire	74	61	82.4
Ifewara	86	72	83.7
Kojola	39	35	89.7
Alajue	27	27	100.0
Total	430	328	76.3

4.4 Seroprevalência da infeção por *Toxoplasma gondii* em relação à idade das mulheres em comunidades selecionadas no Estado de Osun

A Tabela 4.3 mostra a prevalência da infeção por *Toxoplasma gondii* em relação à idade das mulheres. Observou-se que a prevalência era elevada em todos os grupos etários. A prevalência da infeção por *T. gondii* foi mais baixa (66,7%) nas mulheres com idades entre os 15 e os 19 anos e aumentou até atingir o pico de prevalência de 95,2% nas mulheres com 40 anos ou mais. Não houve diferença significativa na prevalência da infeção dentro do grupo etário. (χ^2=7,197, p= 0,206).

Mulheres em comunidades selecionadas no Estado de Osun.

Idade (anos)	Não Examinado	Não Infetado	Prevalência (%)
15-19	21	14	66.7
20- 24	112	89	79.5
25-29	125	90	72.0
30-34	99	76	76.8
35-39	52	39	75.0
>40	21	20	95.2
Total	430	328	76.3

4.5 Seroprevalência da infeção por *Toxoplasma gondii* em relação à religião das mulheres em comunidades selecionadas no Estado de Osun

A Tabela 4.4 mostra a prevalência de *T. gondii* em relação à religião das mulheres. A prevalência mais elevada de 87,8% foi registada entre as mulheres que praticam o Islão e a religião tradicional, enquanto a infeção mais baixa de 70,8% foi registada entre as mulheres que praticam o Cristianismo. Verificou-se uma diferença significativa na prevalência da infeção dentro da religião (χ^2= 14,988, **p= 0,000).**

Tabela 4.4: Seroprevalência da infeção por *Toxoplasma gondii* em relação à idade da mulher

religião em comunidades selecionadas no Estado de Osun

Religião	Não Examinado	Não Infetado	Prevalência (%)
O cristianismo	291	206	70.8
Islão/ Tradicional	139	122	87.8
Total	430	328	76.3

4.6 Seroprevalência da infeção por *Toxoplasma gondii* em relação ao nível de escolaridade atingido pelas mulheres examinadas em comunidades selecionadas no Estado de Osun

A Tabela 4.5 mostra a prevalência da infeção por *T. gondii* em relação ao nível de escolaridade das mulheres. Foi registada uma elevada prevalência da infeção nos vários níveis de ensino das mulheres. A prevalência mais elevada, de 86,3%, foi registada nas mulheres com o ensino primário, enquanto a mais baixa, de 61,2%, foi registada nas mulheres com o ensino superior. Não se registou uma diferença significativa na prevalência da infeção em função do nível de escolaridade das mulheres (χ^2= 10,311, p=**0,016)**

Tabela 4.5: Seroprevalência da infeção por *Toxoplasma gondii* em relação à idade da mulher

nível de educação em comunidades selecionadas no Estado de Osun

Educação	Não Examinado	Não Infetado	Prevalência (%)
Nenhum	24	20	83.3
Primário	65	56	86.3
Secundário	292	222	76.0
Terciário	49	30	61.2
Total	430	328	76.3

4.7 Serprevalência de *Toxoplasma gondii* em relação à ocupação das mulheres em comunidades selecionadas no Estado de Osun

A Tabela 4.6, apresenta a prevalência da infeção por *T. gondii* em relação à ocupação das mulheres. A partir da tabela, a prevalência da infeção *por T. gondii* foi mais baixa (64,5%) nas mulheres que são funcionárias públicas e a prevalência mais elevada foi observada nas mulheres que são estudantes (83,3%). A partir da tabela, a prevalência da infeção *por T. gondii* aumentou gradualmente a partir do valor mais baixo de 64,5% entre as mulheres que são funcionárias públicas até atingir o valor máximo de 83,3% entre as mulheres que são estudantes. Não houve diferença significativa na prevalência da infeção entre as várias profissões (χ^2= 5,455, p= 0,244).

em comunidades selecionadas no Estado de Osun

Ocupação	Não Examinado	Não Infetado	Prevalência (%)
Funcionário público	31	20	64.5
Artesão	214	158	73.8
Comércio	163	132	81.0
Esposas domésticas	16	13	81.3
Estudante	6	5	83.3
Total	430	328	76.3

4.8 Soroprevalência da infeção por *Toxoplasma gondii* em relação à urbanização das comunidades residenciais das mulheres examinadas

A Tabela 4.7 apresenta a prevalência da infeção por *T. gondii* em relação à residência das mulheres. A prevalência mais elevada, de 79,7%, foi registada nas mulheres que residem na zona rural, enquanto a mais baixa, de 70,1%, foi registada nas mulheres que residem na zona periurbana. Verificou-se uma diferença significativa na prevalência da infeção consoante o local de residência das mulheres (χ^2=0,5,014, **p = 0,025).**

Tabela 4.7: Seroprevalência da infeção por *Toxoplasma gondii* em relação à urbanização das comunidades residenciais das mulheres examinadas

Residência	Não Examinado	Não Infetado	Prevalência (%)
Periurbano	154	108	70.1
Rural	276	220	79.7
Total	430	328	76.3

4.9 Seroprevalência da *infeção por Toxoplasma gondii* em relação ao tipo de pavimento da casa em comunidades selecionadas no Estado de Osun

A Tabela 4.8 apresenta a prevalência da infeção por *T. gondii* em relação ao tipo de piso da casa.

A prevalência mais elevada da infeção, de 96,6%, foi registada entre as mulheres cujo chão da casa era betonado, enquanto a prevalência de 78,6% foi registada entre as mulheres com chão da casa não betonado. Não se registou uma diferença significativa na prevalência da infeção entre o tipo de pavimento da casa no estudo (χ^2 = 0,042, p = 0,838).

Tabela 4.8: Seroprevalência da *infeção por Toxoplasma gondii* em relação ao chão da casa

em comunidades selecionadas no Estado de Osun

Tipo de piso	Não Examinado	Não Infetado	Prevalência (%)
Sem betão	14	11	78.6
Betonado	416	317	96.6
Total	430	328	76.3

4.10Seroprevalência da infeção por *Toxoplasma gondii* em relação à fonte de água em comunidades selecionadas no Estado de Osun

A Tabela 4.9 mostra a prevalência de infeção em relação às fontes de água consumidas pelas mulheres. No estudo, a prevalência de infeção foi significativamente mais elevada (87,9%) entre as mulheres que bebiam água de furo e de saqueta do que entre as que bebiam água da torneira e de saqueta. Existe uma diferença significativa na prevalência de infeção entre as fontes de água (χ^2= 21,860, p= **0,000**)

Quadro 4.9: Seroprevalência da infeção por *Toxoplasma gondii* em relação à fonte de água em comunidades selecionadas no Estado de Osun.

Fonte de água	Não Examinado	Não Infetado	Prevalência (%)
Saqueta Tap+	149	98	65.8
Chuva + Rio + Saqueta	79	59	74.4
Stream+ Well+ Saqueta	102	84	82.4
Furo+ Saqueta	99	87	87.9
Total	430	328	76.3

4.11Seroprevalência da infeção por *Toxoplasma gondii* em relação ao número de abortos espontâneos em comunidades selecionadas no Estado de Osun

A Tabela 4.10 mostra a prevalência da infeção por *T. gondii* em relação ao número de abortos espontâneos entre as mulheres examinadas no estudo. A prevalência da infeção *por T. gondii* foi mais elevada (81,4%) nas mulheres com um aborto espontâneo, enquanto a prevalência foi mais baixa nas mulheres com três e mais abortos espontâneos (66,7%). (χ^2=1,259, p= 0,739).

Tabela 4.10: Seroprevalência da infeção por *Toxoplasma gondii* em relação ao número de
abortos espontâneos em comunidades selecionadas no Estado de Osun

Número de Abortos	Não Examinado	Não Infetado	Prevalência (%)
0	345	262	75.9
1	43	35	81.4
2	30	23	76.7
>=3	12	8	66.7
Total	430	328	76.3

4.12Modelo de regressão logística das variáveis

A Tabela 4.11 apresenta o modelo de regressão logística para as variáveis abaixo indicadas: a idade igual ou superior a 40 anos foi significativamente associada a infeção por *T. gondii* (P<0,042), depois a religião, em que o Islão e o Cristianismo estão associados à infeção P<0,001, a residência, em que a zona rural e periurbana estão associadas à infeção P<0,001, enquanto que a ocupação, o nível de educação e o tipo de pavimento da casa não estão associados à *seropositividade* da infeção por *T. gondii*.

Tabela 4.11: Modelo de regressão logística das variáveis

Preditor	Estimativa	SE	Z	p
Anos de idade:				

20-24 - 15-19	0.7372	0.580	1.2709	0.204
25-29 - 15-19	0.2151	0.561	0.3832	0.702
30-34 - 15-19	0.4837	0.598	0.8089	0.419
35-39 - 15-19	0.3724	0.657	0.5667	0.571
>=40 - 15-19	2.3929	1.176	2.0355	**0.042**
Profissão:				
Artesão - Comércio	-0.1719	0.292	-0.5878	0.557
Estudante - Comércio	0.7766	1.223	0.6352	0.525
Funcionário público - Comércio	-0.3758	0.559	-0.6720	0.502
Mulheres domésticas - Comércio	0.2821	0.754	0.3742	0.708
Religião:				
Islão - Cristianismo	1.3582	0.335	4.0497	**<.001**
Tradicional - Cristianismo	15.3510	1028.733	0.0149	0.988
Residência:				
Rural - Periurbano	0.9706	0.295	3.2910	**<.001**
Nível de ensino:				
Terciário - Secundário	-0.4969	0.460	-1.0810	0.280
Primário - Secundário	0.6798	0.460	1.4779	0.139
Nenhum - Secundário	0.3127	0.626	0.4995	0.617
Casa Tipo de piso:				
Cimentado - Solo	0.4770	0.785	0.6075	0.543
Azulejos - Solo	13.7585	974.935	0.0141	0.989

4.13Modelo de Regressão Logística dos Factores de Risco

A Tabela 4.12 apresenta o modelo de regressão logística para os factores de risco, como se mostra a seguir: a água de furo e a água da torneira foram associadas à seropositividade ao *T. gondii* (p< 0,001), ao passo que o conhecimento da infeção, o contacto com gatos, o consumo de carne mal cozinhada, o consumo de carne congelada, o consumo de água não fervida, a ingestão de legumes crus, a manipulação de carnes cruas, a lavagem adequada das mãos e o número de abortos espontâneos não têm associação com a *seropositividade* da infeção por *T. gondii*.

Tabela 4.12: Modelo de regressão logística dos factores de risco

Preditor	Estimativa	SE	Z	p
Interceção	0.5006	0.753	0.6649	0.506

Transmissão de doenças:				
Sim - Não	0.0271	0.241	0.1126	0.910
Contacto com gatos:				
Sim - Não	-0.3937	0.449	-0.8766	0.381
Consumo de carne de baixo custo:				
YesConsumption - NoConsumption	-0.5793	0.410	-1.4145	0.157
Consumo de carne congelada:				
Sim - Não	0.3471	0.540	0.6426	0.520
Beber água não fervida:				
Sim - Não	0.3743	0.418	0.8962	0.370
Fonte de água:				
Furo + saqueta - Torneira + saqueta	1.3049	0.363	3.5956	**<.001**
Stream + Well +sachet - Torneira + sachet	0.9051	0.315	2.8701	0.004
Chuva + Rio + saqueta - Torneira + saqueta	0.4516	0.315	1.4341	0.152
Água da torneira, chuva - torneira + saqueta	-14.2705	535.411	-0.0267	0.979
Consumo de vegetais crus:				
Sim - Não	0.0703	0.248	0.2831	0.777
Manuseamento de carnes cruas:				
Sim - Não	0.1072	0.418	0.2566	0.797
Lavagem correta das mãos:				
Sim - Não	-0.1430	0.378	-0.3787	0.705

Nota. As estimativas representam as probabilidades logarítmicas de "INFECTO = Infetado" vs. "INFECTO = Não infetado"

CAPÍTULO 5

DEBATE E CONCLUSÃO

A toxoplasmose é uma doença curável mas potencialmente fatal e as suas complicações a longo prazo após a infeção congénita e a sua capacidade de causar infecções oportunistas potencialmente fatais em condições de imunossupressão constituem um problema importante na maioria das comunidades com uma elevada prevalência de infeção por *T. gondii* (Hatam *et al.,* 2005).

Neste estudo, a seroprevalência global da infeção por *Toxoplasma gondii* entre as mulheres em idade fértil foi de 76,3%. O elevado valor de prevalência registado no estudo é uma indicação de que a população estudada está frequentemente exposta aos parasitas *T. gondii.* O valor da seroprevalência neste estudo foi significativamente mais elevado do que a prevalência de 44% registada em mulheres em idade fértil do Estado de Benue, no centro-norte da Nigéria (Olusi *et al.,* 1996) e também mais elevado do que os valores registados em indivíduos saudáveis de diferentes partes da Nigéria, que variaram entre 20,83% e 41,13% (Uneke *et al.,* 2007, Kamani *et al.*, 2009, Onosakponome *et al.*, 2020). No entanto, é inferior aos 85,54% registados entre indivíduos seropositivos do Estado de Lagos, no sudoeste da Nigéria (Oshinaike *et al.,* 2010). O elevado valor de seroprevalência registado entre a população estudada pode ser o resultado de uma higiene pessoal inadequada das mulheres, como não lavar bem as mãos antes de comer ou comer alimentos com colheres contaminadas com quistos *de T. gondii*, hábitos nutricionais como comer carne mal cozinhada ou condições climáticas favoráveis adequadas à esporulação e sobrevivência de oocistos no ambiente.

A seroprevalência de *T. gondii* obtida neste estudo é superior a 65,8% relatada entre mulheres em idade fértil em Goiânia-Go, Brasil (Avelino *et al.,* 2004), 47,5% entre a mesma população de mulheres na província de Isafahan, Irão (Mastafari *etal.,* 2012), 22,4% em mulheres em idade fértil da Índia (Singh *et al.,* 2014), 51,89% em mulheres em idade fértil da Roménia Ocidental (Caparu *et al.,* 2016) . A prevalência é também superior a 12,4% e 22,4% em mulheres em idade fértil de duas províncias de Siena e Bari, em Itália (Fanigliulo *et al.,* 2020) e também superior a 41,16% em mulheres da mesma população no condado de Arad, na Roménia (Mihu *et al.,* 2020). No entanto, é inferior aos 81,4% registados entre mulheres em idade fértil na Etiópia Central (Gebremedhin *et al.*, 2013). Um número considerável de estudos relatou que vários factores podem ser responsáveis pela grande variação na seroprevalência da infeção por *T. gondii* em humanos entre países e, muitas vezes, dentro de um país específico ou entre diferentes comunidades na mesma região, incluindo hábitos alimentares, estatuto socioeconómico, hábitos culturais, qualidade da água e cobertura de saneamento.

Os resultados positivos para *Toxoplasma* IgG (70,0%, 301/430) e negativos para IgM (67,7%; 291/415) sugerem exposição passada ao parasita, enquanto os resultados positivos para IgM (32,3%, 139/430) são indicadores de exposições agudas ou recentes. Além disso, as mulheres em idade fértil que são negativas para anticorpos IgG e IgM (73,3%; 315/415) estão em risco de infeção primária e devem ser monitorizadas para seroconversão no caso de engravidarem (Sensini, 2006). Embora os resultados positivos de IgM sejam marcadores caraterísticos de infecções recentes, é necessária uma confirmação adicional para excluir a reação do anticorpo IgM natural com o antigénio *do Toxoplasma* (Sensini, 2006). Os anticorpos IgM podem persistir durante muito tempo sem risco de infecções congénitas.

Neste estudo, a seroprevalência da infeção por *T. gondii* é significativamente mais elevada em mulheres residentes em zonas rurais (79,7%) do que em mulheres em zonas urbanas (70,1%). Um resultado semelhante foi relatado por Olariu e Darabus, (2007) onde foi registada uma elevada prevalência de anticorpos *contra T. gondii* em mulheres em idade fértil nas zonas rurais (70%) do que nas zonas urbanas (48,1%). Mihu *et al.,* (2020) também relataram uma prevalência mais elevada na zona rural (46%) do que na zona urbana (36%). No entanto, os resultados deste estudo contrastam com os de Mwambe *et al.* (2013), que registaram uma prevalência mais elevada em mulheres que vivem em zonas urbanas (41,5%) do que em mulheres que vivem em zonas rurais (22,0%). A elevada prevalência da infeção nas zonas rurais pode dever-se ao contacto frequente das mulheres com animais, ao facto de viverem em casas de barro, a um sistema de saneamento deficiente e, sobretudo, a um baixo nível de escolaridade.

No estudo atual, observou-se um aumento da *seropositividade* do *T. gondii* à medida que a idade aumentava, o que está de acordo com estudos anteriores realizados em mulheres grávidas. A prevalência mais elevada de infeção, de 95,2%, foi registada em mulheres com idade igual ou superior a 40 anos, ao passo que a prevalência mais baixa, de 66,7%, foi registada em mulheres com idades compreendidas entre os 15 e os 19 anos neste estudo. Este facto está de acordo com as conclusões de Mihu *et al.* (2020), que registaram um aumento da prevalência de 32% nas mulheres com idades entre os 15 e os 19 anos para um pico de 62% nas mulheres com idades entre os 40 e os 45 anos. Também é semelhante ao relatório de Sarman *et al.* (2014), que relatou um aumento na prevalência de 18,1% em mulheres com idades entre 18 e 25 anos para um pico de 40,5% em mulheres com 40 anos ou mais. Isto poderia ser explicado pelo facto de as mulheres mais velhas terem mais probabilidades de terem sido expostas a qualquer um dos factores de risco do que as mulheres mais jovens, em resultado de um maior tempo de exposição.

De acordo com este estudo, a prevalência mais elevada, de 86,3%, foi registada em mulheres com o ensino primário, enquanto a mais baixa, de 61,2%, foi registada em mulheres com o ensino superior. É de esperar que as mulheres com um nível de escolaridade mais elevado tenham mais conhecimentos sobre a biologia *do T. gondii* para prevenir a toxoplasmose, o que pode ter explicado a menor prevalência neste grupo de mulheres. Uma observação semelhante foi relatada na cidade de Taipei, Taiwan, entre as mulheres grávidas, onde as mulheres com um nível de escolaridade do ensino médio ou inferior tiveram uma maior seroprevalência de toxoplasmose do que aquelas com um diploma de bacharel ou superior (Hung *et al.,* 2015). O estudo também registou uma seroprevalência elevada de infeção por *T. gondii*, independentemente da natureza do trabalho das mulheres. No entanto, a seroprevalência mais elevada, de 83,3%, foi registada entre as mulheres que são estudantes, enquanto o valor mais baixo, de 64,5%, foi registado entre as mulheres que são funcionárias públicas, mas não houve diferença significativa entre as várias ocupações das mulheres ($p = 0,244$). Neste estudo, a prevalência da infeção por *T. gondii* entre as mulheres com casas cimentadas ou ladrilhadas (96,6%) foi mais elevada do que entre as mulheres com casas sujas (78,6%). Esta observação é semelhante aos resultados de Cosme *et al.*(2006), que referiram que viver numa casa com chão de terra estava associado à infeção por *T. gondii.*

Neste estudo, independentemente da combinação das fontes de água utilizadas pelas mulheres, a prevalência da infeção foi geralmente elevada. Isto é uma indicação de que a qualidade da água consumida pelas mulheres era má.

Neste estudo, a idade das mulheres foi positivamente associada à infeção por *T. gondii* ($p= 0,042$). Observou-se que as mulheres com idade igual ou superior a 40 anos estavam associadas à infeção por T. gondii. Isto pode dever-se à longa exposição ao longo dos anos à infeção por *T. gondii*. Neste estudo, verificou-se uma associação positiva entre as mulheres grávidas do Islão e a infeção por *T. gondii* ($p<0,001$). Embora a religião islâmica proíba a ingestão de carne de porco, que é um dos reservatórios do quisto tecidular *do T. gondii*, outras carnes, como a de cabra e a de galinha, têm sido apontadas como fontes de infeção *por T. gondii*. Como revelado no questionário, 348 (83,8%) das mulheres responderam ter consumido carne mal cozinhada (como a carne Suya) ou crua, o que poderia ser a razão desta infeção. Além disso, pode também acontecer que as mulheres grávidas do Islão tenham tido uma maior exposição a oocistos originários de gatos, uma vez que as pessoas têm um contacto próximo com animais de estimação. Também pode ser atribuído ao facto de terem bebido água não fervida, que pode ter sido contaminada com oocistos *de T. gondii*, uma vez que 90,4% das mulheres responderam ter bebido água não fervida, conforme revelado pelo inquérito por questionário. O consumo de água de furo, de saqueta e de água da torneira demonstrou estar positivamente associado à seropositividade *ao T. gondii*, tal como revelado pela análise de regressão logística múltipla (p<0,001). As restantes caraterísticas sociodemográficas e comportamentais das mulheres e os factores de risco ambientais não demonstraram qualquer associação com a infeção por *T. gondii*.

Conclusão

O presente estudo fornece novos dados epidemiológicos sobre a seroprevalência da infeção por *T. gondii* em mulheres em idade fértil de comunidades selecionadas no Estado de Osun, na Nigéria. Este resultado mostra uma elevada seroprevalência da infeção por *T. gondii* (76,28%) na população estudada. Devem ser realizados mais estudos para determinar factores de risco adicionais que contribuam para uma seroprevalência elevada. Este conhecimento é importante para prever e prevenir a infeção de risco em mulheres grávidas no futuro. O estado serológico das mulheres em idade fértil fornece informações valiosas sobre a imunidade que podem ajudar a prevenir a infeção congénita, identificando as mulheres em risco. Os resultados deste estudo podem servir de informação útil para os decisores políticos no domínio da saúde para o programa de aconselhamento e educação sobre a toxoplasmose durante as clínicas pré-natais e para a implementação a nível nacional de um programa de rastreio e prevenção para mulheres grávidas.

REFERÊNCIAS

Abdelaziz, E. T., Mohie, A. M. H, Ahmed, H., Abdellah, S. R. A., Hanan, M. F. e Mohamed A. A. (2013). Seroepidemiologia da infeção por *Toxoplasma Gondii* em mulheres com aborto espontâneo no primeiro trimestre na província de Qena, *Egito Journal of Clinical and Diagnostic Research*, 7(12): 2870-2873

Abdul-Ghani, R. (2011). Reação em cadeia da polimerase no diagnóstico da toxoplasmose congénita: mais de duas décadas de desenvolvimento e avaliação. *Parasitology Research,* 108(3):505-12

Aganga, A. O., Belino, E. D., Adegboye, D. S. e Ilemobade, A. A. (1981). Um estudo serológico da toxoplasmose em animais de alimentação (bovinos, ovinos, caprinos e suínos) em dois estados do norte da Nigéria. *International Journal of Zoonoses,* 8: 57-62.

Aganga, A. O. e Ortese, A. A. (1984). A serological survey of *Toxoplasma gondii* in pet dogs in Nigeria. *British Vetinary Journal,* 140: 207-209.

Aganga, A. O., Umoh, J. U., e Ekwempu, C. C. (1990). Estudos de seroprevalência da infeção humana por

Toxoplama humana em Zaria, Nigéria. *Nigeria Journal Parasitology*, 11: 159-164.

Ahmed, MAl-Kadassy, Omar, .H. Baraheem, e Salem, .A. Bashanfer. (2018). Prevalência da infeção por *Toxoplasma gondii* em mulheres em idade fértil na faculdade de medicina e ciências da saúde Hodeida City, Iémen. *The Pharma Innovation Journal,* 7(9): 256-261

Akanmu, A. S., Osunkalu, V. O., Ofomah, J. N. e Olowoselu, F. O. (2010). Padrão de factores de risco demográficos na seroprevalência de anticorpos anti-Toxoplasma *gondii* em doentes infectados com VIH no Hospital Universitário de Lagos. *Jornal Trimestral Nigeriano de Medicina Hospitalar*, 20: 1-4.

Akinbami, A. A., Adewunmi, A.A., Rabiu, K. A., Wright, K. O., Dosunmu, A. O., Dada, M. O., e Adeyemo, T. A. (2010). Seroprevalência de anticorpos *contra Toxoplasma gondii* entre mulheres no Hospital Universitário da Universidade do Estado de Lagos, Nigéria. *Revista Médica de Pós-Graduação da Nigéria,* 17(2):164-7

Alayande, M. O., Edungbola, L. D., Fabiyi, J. P. e Awosan, K. J. (2013). Ocorrência de anticorpos contra a infeção por *Toxoplasma* entre mulheres grávidas com antecedentes obstétricos e em diferentes trimestres em Sokoto, Noroeste da Nigéria. *Jornal Americano de Comunicação de Investigação,* 1:240-247

Alayande, M. O., Edungbola, L. D., Fabiyi, J. P., Faleke, O. O., Awosan, K. J., Fadeyi, A, e Suleiman, N. (2012). Sero-prevalência da infeção por *Toxoplasma gondii* entre trabalhadores de matadouros em Sokoto, Nigéria. *Sahel Medical. Journal*, 15: 80-84.

Alvarado-Esquivel C., Torres-Castorena A., Liesenfeld O., García-López C. R., Estrada-

Martínez S., Sifuentes-Alvarez A., Marsal-Hernández, J. F., Esquivel-Cruz, R., Sandoval-Herrera F., e Castañeda J. A. (2009). Seroepidemiology of *Toxoplasma gondii* infection in pregnant women in rural Durango, Mexico *Journal of Parasitology*, 95(2):271-4.

Amir, Tavakoli Kareshk, e Amir, Keyhani. (2016). Seroprevalência da infeção por *Toxoplasma gondii* entre mulheres em idade fértil na cidade de Kerman, sudeste do Irão. *Journal of Parasitology Diseases*, 40 (4):1544-1547. doi: 10.1007/s12639-015-0724-7.

Arene, F. O. (1986). A prevalência da toxoplasmose entre os habitantes do delta do Níger. *Folia Parasitologica,* 33: 311-314.

Aspinall, T. V., Marlee, D., Hyde, J. E., e Sims, P. F. G. (2002). Prevalence of Toxoplasma gondii in commercial meat products as monitored by polymerase chain reaction - food for thought? *International Journal of Parasitology*, 32 (9), 1193-1199.

Avelino, M. M., Campos, D. J. R., Parada, J. B. e Castro, A. M. (2004). Factores de risco para Infeção por *Toxoplasma gondii* em mulheres em idade fértil. *Revista Brasileira de Infetologia Doenças,* 8 (2): 164-74.

Balasundaram, M. B., Andavar, R., Palaniswamy, M., e Venkatapathy, N. (2010). Surto de toxoplasmose ocular adquirida envolvendo 248 pacientes. *Arquivo de Oftalmologia*, 128 (1), 28-32.

Ballah, F. M., Maikai, B. V., Magajil, A. A., Shuaibu, A. B., El-Nafaty, A. U., Sambo, Y. T., Auwal, A. A., Faruk, H. U., e Suleiman, F. (2017). Seroprevalência e risco de infeção por *Toxoplasma gondii* entre mulheres grávidas no FederalTeaching Hospital Gombe, Nigéria. *Revista Asiática de Medicina e Saúde,* 3(2): 1-5,

Bawo, O James, Imafidon, O Agbonile, Modupe, Okolo, Ambrose, O Lawani, e Joyce, O Omoaregba (2013). Prevalência da infeção por *Toxoplasma gondii* entre indivíduos com doença mental grave na Nigéria: um estudo de controlo de casos. Pathology Global Health, 107(4): 410

Belford-Neto, R., Nussenblatt, V., Rizzo, L., Muccioli, C., Silveira, C., Nussenblatt, R., Khan, A., Sibley, D., e Belford, R., Jr. (2007). Alta prevalência de genótipos incomuns de infeção por Toxoplasma gondii em amostras de carne suína do Erechim, Sul do Brasil. *Anais Academia Brasileira de Ciências,* 79(1): 111-114.

Belluco, S., Mancin, M., Conficoni, D., Simonato, G., Pietrobelli, M., e Antonia, Ricci, A. (2016). Investigando os determinantes da prevalência de *Toxoplasma gondii* na carne: uma revisão sistemática e meta-regressão. *PLoS ONE,* 11(4):e0153856. https://doi.org/10.1371/journal.pone.0153856

Benenson, M. W., Takafuji, E. T., Lemon, S. M., Greenup, R. L., e Suler, A. J. (1982). Toxoplasmose transmitida por oocistos associada à ingestão de água contaminada. *New*

England Journal of Medicine, 307(11), 666-669.

Beverley, J. K. A., Fleck, D. G., Kwantes, W. e Ludlam, G. B. (1976). Distribuição idade-sexo de várias doenças, com especial referência à linfadenopatia toxoplásmica. *Journal of Hygiene,* 76: 215-228.

Boyer, K. M., Remington, J. S., McLeod, R., Feigin, R. D., Cherry, J. D., Demmler, G. J, e Sheldan, K. (2004). *Textbook of pediatric infectious diseases (Livro-texto de doenças infecciosas pediátricas*). Philadelphia PA: Saunders, pp. 2755-61.

Caparu, I. D., Dumitrascu, V., Olariu, T. R. (2016). Seroprevalência de *Toxoplasma gondii* entre mulheres grávidas na Roménia Ocidental. *International Journal of Infectious Diseases,* 53S (2016) 4163.http://dx.doi.org/10.1016/j.ijid.2016.11.189

Cosme, Alvarado-Esquivel, Antonio, Sifuentes-Álvarez, Sergio, Guadalupe Narro-Duarte, Sergio, Estrada-Martínez, Juan, Humberto, Díaz-García, Oliver, Liesenfeld, Sergio Arturo, Martínez- García, e Arturo Canales-Molina:(2006). Seroepidemiologia da infeção por *Toxoplasma gondii* em mulheres grávidas num hospital público no norte do México.BMC *Infectious Diseases,* 2, (6):113 doi: 10.1186/1471-2334-6-113

D. Ouermi, J. Simpore, A. M. G., Belem, D. S., Sanou, D. S., Karou, D., Ilboudo, C., Bisseye, S. M., Onadja, V. Pietra, S. Pignatelli, C., Gnoula, J. B. Nikiema e G. B. Kabre, (2009). Co-infeção de *Toxoplasma gondii* com HBV em mulheres grávidas infectadas com VIH e não infectadas no Burkina Faso. *Jornal Paquistanês de Ciências Biológicas,* 12: 1188-1193.

Deji-Agboola, A. M., Busari, O. S., Osinupebi, O. A. e Amoo, A. O. J. (2011). Seroprevalência de anticorpos *contra Toxoplasma gondii* em mulheres grávidas que frequentam a clínica pré-natal do Centro Médico Federal, Lagos, Nigéria. *Jornal Internacional de Biologia e Medicina. Research,* 2:1135-1139.

Dias, R. A. F., Navarro, I. T., Ruffolo, B. B., Bugni, F. M., Castro, M. V., e Freire, R. I. (2005). *Toxoplasma gondii* em linguiça suína fresca e soroprevalência em açougueiros de fábricas de Londrina, Paraná, Brasil.*Revista do Instituto de Medicina Tropical de São Paulo, 47* (4): 185-189.

Dubey, J. P. (2008).The history of *Toxoplasma gondii-the* first 100 years. *Journal of Eukaryotic Microbiology,* 55(6):467-475.https://doi.org/10.1111/j.1550-7408.2008.00345.x

Dubey, J. P. e Thayer, D. W. (1994). Eliminação de diferentes estirpes de quistos *de Toxoplasma gondiitissue* por irradiação em condições definidas. *Journal of Parasitology*, 80, 764-767.

Dubey, J. P., Hill, D. E., Jones, J. L., Hightower, A. W., Kirkland, E., Roberts, J. M., Marcet, P. L., Lehmann, T., Vianna, M. C. B., Miska, K., Sreekumar, C., Kwok, O. C. H., Shen, S. K., e Gamble, H. R. (2005). Prevalência de *Toxoplasma gondii* viável em carne de vaca, frango e porco de lojas de carne a retalho nos Estados Unidos; avaliação do risco para os consumidores. *Journal of Parasitology*, 91, 1082-1093.

Dubey, J. P (2010): *Toxoplasmose dos animais e dos seres humanos*. 2ª edição. Beltsville, Maryland: U.S.A. CRC Press; 2010.

Dubey, J. P. e Beattie, P. (Eds.). *Toxoplasmosis of Animals and Man*. Florida: Boca Raton, 1988. 220p

Dubey, J. P. e Frenkel, J. K. (1972). Toxoplasmose induzida por cisto em gatos. *Journal. Protozoology*. 19: 155-177.

Dubey, J. P., Lindsay, D. S. e Speer, C. A. (1998). Structures of *Toxoplasma gondii* tachyzoites, bradyzoites, and sporozoites and biology and development of tissue cysts. *Clinical. Microbiology Review*, 11: 267-299.

Dunay, Ildiko Rita, Kiran, Gajurel, Reshika Dhakal, Oliver Liesenfeld e Jose G. Montoya. (2018). Tratamento da Toxoplasmose: Perspetiva Histórica, Modelos Animais e Prática Clínica Atual. *Revisões de Microbiologia Clínica*, 31 (4): e00057-17; DOI: 10.1128/CMR.00057-17

Emejuaiwe, S. O., Njoko-Obi, A. N. U., Talwar, R., Kodilinye, H. C., e Echeruo, R. (1976). Reacções serológicas em possível toxoplasmose humana em partes do Estado Centro-Leste da Nigéria. *Boletim de Saúde e Produção Animal em África*, 24: 271-285.

Emeka. E. U., Ogunrin. A. O., e Olubunmi. A. (2010). Toxoplasmose cerebelar no VIH/SIDA: relato de um caso. *África Ocidental. Journal of Medicne*, 29:123-126

Falade, S. (1978). *Toxoplasma gondii* antibodies in Nigerian goats. *Tropical Animal Health. Production*, 10: 175-177.

Fanigliulo, D., Marchi, S., Montomoli, E. e Trombetta, C. M. (2020). *Toxoplasma gondii* em mulheres em idade fértil e durante a gravidez: estudo de soroprevalência no centro e sul da Itália de 2013 a 2017. *Parasita*, 27,(2): doi: 10.1051/parasita/2019080

Ferguson, D. J. P. (2009). *Toxoplasma gondii*: 1908-2008, homenagem a Nicolle, Manceaux e Splendore. *Mem. Inst. Oswaldo Cruz*, 104, 133-148.

Flegr, J. (2013): Influência da infeção latente por Toxoplasma na personalidade, fisiologia e morfologia humanas: prós e contras do modelo Toxoplasma-humano no estudo da hipótese da manipulação. *Jornal de Biologia Experimental*, 216:127-33.

Florence, Robert-Gangneux, e Marie-Laure Dardé. (2012): Epidemiologia e estratégias de diagnóstico da toxoplasmose. *Clinical Microbiology Reviews*, 25(2):264-96.

Frenkel,J.K., Dubey,J.P, and Miller,N.L. (1970).*Toxoplasma gondii* in cats: fecal stages identified as coccidian oocysts. *Science, 167:* 893-896.

Gyang P. V., Akinwale P. O., Lee Y., Chuang T., Orok A., Ajibaye O., Liao C., Cheng P.,

Chou C., Huang Y., Fan K., e Fan, C. (2015): Infeção *por Toxoplasma gondii*: soroprevalência e fatores de risco associados entre crianças do ensino fundamental na cidade de Lagos, sul da Nigéria. *Revista da Sociedade Brasileira de Medicina Tropical*, 48: 56-63.

Hatam, G., Shamseddin, A, e Nikouee, F. (2005): Seroprevalência da toxoplasmose em raparigas do ensino secundário no distrito de Fasa, Irão. *Iranian Journal of Immunology*, 2(3):177-81.

Hiramoto, R. M., Mayrbaurl-Borges, M., Galisteo, A. J., Jr., Meireles, L. R., Macre, M. S., e Andrade, H. F., Jr. (2001): Infectividade de cistos da cepa ME-49 *de Toxoplasma gondii* em leite bovino e queijo artesanal. *Revista de Saúde Pública,* 35 (2), 113-118.

Hoffmann, S., Fischbeck, P., Krupnick, A., e McWilliams, M. (2007). Using expert elicitation to link foodborne illnesses in the United States to foods. *Journal of Food Protection*, 70(5), 1220-1229.

Hotez, P.J., Kamath, A. (2009). Doenças tropicais negligenciadas na África Subsariana: revisão da sua prevalência, distribuição e carga de doença. *PLoS Neglected Tropical.Dieasess*, 3: e412.

Ho-Yen, D. O. Joynson, D. H. M. e Wreghitt, T. G. (2001). *Toxoplasmose. A Comprehensive Clinical Guide.* Cambridge University Press, Cambridge, pp. 125-146.

Hussein, A. H., Ali, A. E., Saleh, M. H., Nagaty, I. M, e Rezk A.Y. J (2001). Prevalência da infeção por toxoplasma na província de Qualyobia, *Egito. Sociedade Egípcia de Parasitologia*, 31(2):355-63.

Hung, C- S., Su, H- W., Lee, Y- L., Weng, H- W., e Wang, Y- C. (2015). Soroprevalência, soroconversão e fatores de risco para toxoplasmose entre mulheres grávidas em Taipei, Taiwan. *Jornal Japonês de Doenças Infecciosas*, 68: 312-317.

Hutchison, W. M., Dunachie, J. F, Siim, J. C, e Work, K. (1969). O ciclo de vida do *Toxoplasma gondii*. *British Medical Journal,* 4: 806.

Ibinabo, Laura Oboro, Orikomaba, Korifama Obunge e Kennedy, Tamunoimiegbam Wariso (2016). Sero-epidemiologia deToxoplasmose entre mulheres grávidas que recebem cuidados pré-natais no Hospital Universitário da Universidade de Port Harcourt. *New England Journal of Medicine*, 318 (5): 313-315.

Ifeoma, N. O., Jacob, K. P., Kwaga, J. K., Idris, A, e Lawal, D. P.(2019). Seroprevalência e factores de risco associados a anticorpos anti-Toxoplasma *gondii* em mulheres grávidas que frequentam clínicas pré-natais no estado de Benue, Nigéria. *Jornal Internacional de Pesquisa em Medicina .Ciência*, 7(9):3280-3288.

Jeffrey Jones, M. D., Adriana Lopez, M. H. S., e Marianna Wilson, M. S., (2003). Toxoplasmose congénita. *Academia Americana de Médicos de Família,* .67(10):2131-2138.

Jelliffe, D. B. (1951). Toxoplasmose congénita infantil numa criança africana. *Archives of Disease in Childhood, 26:* 258-260.

Jones, J. L., Dargelas, V., Roberts, J., Press, C., Remington, J. S., e Montoya, J. G (2009). Risk factors for *Toxoplasma gondii* infection in the United States (Factores de risco para a infeção por *Toxoplasma gondii* nos Estados Unidos). *Clinical Infectous Diseases*, 49:878-884.

Kamani, J., Mani, A. U., Egwu, G. O., e Kumshe, H. A. (2009). Seroprevalência da infeção humana com *Toxoplasma gondii* e os factores de risco associados, em Maiduguri, estado de Borno, Nigéria. *Anais de Medicina Tropical e Parasitologia*, 103: 317-321.

Kaplan, J. E., Benson, C., Holmes, K. K., Brooks J. T., Pau, A., e Masur, H. (2009). Guidelines for prevention and treatment of opportunistic infections in HIV-infected adults and adolescents: recommendations from CDC, the National Institutes of Health, and the HIV Medicine Association of the Infectious Diseases Society of America. *Morbidity and Mortality Weekly Report: Recommendations and Report*, 58(RR-4):1-207.

Khalil, M., Intisar, E. L. R., Alia, B E. L Taib, G., Ali A. M., Marek M,. e Petr K. (2013). Imuno-diagnóstico de toxoplasmose latente em mulheres em idade fértil em áreas rurais no estado de EL Geizera, Sudão.*International Journal of Medicine and Medical Sciences,* 1 (7): 272277.

Kijlstra, A. e Jongert, E. (2008). Controlo do risco de transmissão da toxoplasmose humana através da carne. *Jornal Internacional de Parasitologia,* 38: 1359-1370.

Kusbeci, O. Y., Miman, O., Yaman, M., Aktepe, O. C., e Yazar, S.(2015). Poderá *o Toxoplasma gondii* ter algum papel na doença de Alzheimer? *Alzheimer's disease and Associated Disorders*, 25(1):1-3.

L. M. Weiss e J. P. Dubey, (2009). Toxoplasmose: uma história de observações clínicas. *Jornal Internacional de Parasitologia*, 39: (8) 895-901,

Lindsay, D. S., Collins, M. V., Jordan, C. N., Flick, G. J., e Dubey, J. P. (2005). Efeitos do processamento a alta pressão na infecciosidade de oocistos *de Toxoplasma gondii* para ratinhos. *Journal of Parasitology*, 91(3), 699-701.

Luft, B. J, e Remington, J. S (1984). Infeção aguda por *Toxoplasma* entre membros da família de pacientes com toxoplasmose linfadenopática aguda. *Archives Internal Medicine*, 144: 53-56

Luft, B. J., e Remington, J. S. (1992). Toxoplasmic encephalitis in AIDS. *Clinical Infectious Diseases,* 15: 211-222.

Lynfield, R., e Guerina, N. G. (1997): Toxoplasmose. *Pediatric in Review,* 18 (3):75-83.

Marchioro, A. A., Tiyo, B. T., Colli, C. M: (2016). Primeira deteção de DNA de *Toxoplasma gondii* em folhas frescas de hortaliças na América do Sul. *Vetor Borne Zoonotic Diseases,*

16(9):624-626. https://doi.org/10.1089/vbz.2015.1937

Marcos, Gontijo da Silva, Joseneide, Teixeira Câmara, Marina, Clare Vinaud,.e Ana Maria de Castro:(2018). Fatores epidemiológicos associados à soropositividade para toxoplasmose em gestantes de Gurupi,Estado do Tocantins, Brasil: Revista *da Sociedade Brasileira de Medicina Tropical,* 47(4):469-475

Marques, C. S., Sousa, S., Castro, A e José Manuel Correia da Costa. (2020). Deteção de oocistos *de Toxoplasma gondii* em hortícolas frescos e frutos silvestres. *Parasitas Vetores,* 13 : 180 https://doi.org/10.1186/s13071-020-04040-2

Martin, A. M., Liu, T., Lynn, B. C e Sinai, A. P. (2007). A membrana do vacúolo parasitóforo *de Toxoplasma gondii*: transacções através da fronteira. *Journal of Eukaryotic Microbiology,* 54 (1):25-8.

McCabe, R., e Remington, J. S. (1988). Toxoplasmose: chegou a hora *New England Journal of Medicine*, 318: 313-5

Mead, P. S., Slutsker, L., Dietz, V., McCaig, L. F., Bresee, J. S., Shapiro, C., Griffin, P. M., e Tauxe, R. V. (1999). Food-related illness and death in the United States. *Emerging Infectious Diseases,* 5(5), 606-625.

Mercier, A., Ajzenberg, D., Devillard, S., Demar, M. P., Thoisy, B de., Bonnabau, H., Collinet, F., Boukhari, R., Blanchet, D., Simon, S., Carme, B., e Dardé, M-L. (2011). Impacto humano na diversidade genética de *Toxoplasma gondii*: exemplo do ambiente antropizado da Guiana Francesa. *Infeção, Genética e Evolução,* 11:1378-1387

Mihu, A. G., Balta, C., Marti, D. T., Paduraru, A. A., Lupu, M. A e Olariu, T. R. (2020). Soroprevalência da infeção por *Toxoplasma gondii* entre mulheres em idade fértil em uma região endêmica da Romênia, 2016-2018. *Parasita,* **27**: 59.

Miller, C. M., Boulter, N. R., Ikin, R. J., e Smith, N. C. (2009). *A imunobiologia da resposta inata ao Toxoplasma gondii. Jornal Internacional de Parasitologia,* 39:23-39.

Montoya, J. G., e Liesenfeld, O. (2004). Toxoplasmose. *Lancet, 363:1965-1976*

Montoya, J. G., e Rosso, F (2005). Diagnosis and management of Toxoplasmosis. *Clínica Perinatal*, 32:705-726.

Mostafavi, N., Ataei, B., Nokhodian, Z., Monfared, L. J, Yawan, M, *et al*. (2012). Infeção *por Toxoplasma gondii* em mulheres em idade fértil de Isfahan, Irão: Um estudo de base populacional. *Advanced Biomedical Reseasrch,* 1:60 doi:10.4103/2277-9175.100181.

Mwambe, B,, Mshana, S. E., Kidenya, B. R,, Massinde, A. N., Mazigo, H. D., Michael, D, Majinge, C, e Groß, U. (2013). Seroprevalência e factores associados à infeção por *Toxoplasma gondii* entre as mulheres grávidas que frequentam os cuidados pré-natais em Mwanza, Tanzânia. *Parasite Vectors*, 6(1):222.

Neves, E. S., Bicudo, L. N., Al Curi, E., Carregal, E., Bueno, W. F., Ferreira, R. G., Amendoeira, M. R., Benchimol, E., e Fernandes, O. (2009). Toxoplasmose aguda: aspectos clínico-laboratoriais e avaliação oftalmológica em uma coorte de *pacientes imunocompetentesMemorias Do Instituto Oswaldo Cruz,* 104: 393-396.

Nicolle, C., e Manceaux, L. (1908). Sur une infection à corps de Leishman (ou organismes voisins) du gondii.*Comptes Rendus Hebdomadaires des Séances de L'Académie des Sciences, 147:763-766.*

Ohiolei, J. A., Issac, C. (2016). Toxoplasmose na Nigéria: a história até agora (1950-2016): uma revisão. *Folia Parasitology*, 63: 1-9.

Okoh, A. E .J., Agbonlahor, D. E., e Momoh, M. (1981). Toxoplasmose na Nigéria, um estudo serológico. *Tropical Animal Health Production*, 13: 137-143.

Okoli, M. I. (1985). Toxoplasmose em animais e o aspeto da saúde pública. (Artigo de revisão). *Revista Internacional de Zoonoses*, 12: 247-256.

Okwuzu, J. O., Otubanjo, A. O., Ezechi, O. C., Idowu, E. T., Odunukwe, N. N., Okoye, R. N., Gbajabiamila, T. A., Musa, Z. A., Iniobong, E., Nduaga, S. (2015). Infeção *por Toxoplasma gondii* entre pacientes HIV-positivos e HIV-negativos sem HAART no estado de Lagos, Nigéria. *Revista Internacional de Investigação em Microbiologia e Imunologia,*. 3: 1-8.

Olurin, O., Fleck, D. G., e Osuntokun, B. (1972). Toxoplasmose e corioretinite na Nigéria. *Tropical and Geographical Medicine*, 24: 240-245.

Olusi, T. A., Akajaya, J. A., e Makinde, A. A. (1994). Anticorpos contra *Toxoplasma gondii* numa população de ratos

numa população que come ratos no Estado de Benue, Nigéria. *Pathology Global Health*, 88: 217-218.

Olusi, T. A., Gross, U., e Ajayi, J. (1996). Alta prevalência de toxoplasmose durante a gravidez na Nigéria.*Scandinavian Journal* of *Infectious Diseases,* 28(6):645-6.

Onadeko, M. O., Joynson, D. H., Payne, R. A, e Francis, J. (1996). A prevalência de anticorpos *contra o Toxoplasma* em mulheres nigerianas grávidas e a ocorrência de nados-mortos e malformações congénitas. *Jornal Africano de Ciências Médicas*, 25(4):331-4.

Onosakponome, E. O., Wokem, G. N., Abah, A. E. (2020). Comparação dos testes ELISA e RapidImmunochromatographic no diagnóstico da toxoplasmose em PortHarcourt, Nigéria. *Jornal Internacional de Doenças Tropicais,* 41(1):54-9.

Oshinaike, O. O., Okubadejo, N. U., Ojini, F. I, e Danesi, M. A. (2010). Um estudo preliminar sobre a frequência de défices neurológicos focais em seropositivos para *T. gondii* IgG em Lagos, Nigéria. *Jornal Trimestral Nigeriano de Medicina Hospitalar,* 20: 104-107.

Oyetunde T. Oyeyemi , Ifeoluwa T. Oyeyemi , Isaac A. Adesina , Adebisi M. Tiamiyu ,

Yinka D. Oluwafemi , Roseangela I. Nwuba e Rafaella F. Q. Grenfell (2019). Toxoplasmose na gravidez: uma maldição negligenciada, mas uma séria ameaça na Nigéria. *Parasitologia,* 147 (2):127 - 134

Oyinloye S. O., Igila-Atsibee, M., Ajayi. B., e Lawan, M. A. (2014): Triagem sorológica para toxoplasmose pré-natal no conselho municipal de Maiduguri, estado de Borno, Nigéria. *Africano. Journal of Clinical. Experimental Microbiology,* 15: 91-96.

Pappas, G., Roussos, N., e Falagas, M. E.(2009). Toxoplasmosis snapshots: global status of *Toxoplasma gondii* seroprevalence and implications for pregnancy and congenital toxoplasmosis. *Revista Internacional de Parasitologia,* 39:1385-1394

Philip-Ephraim, E. E., Charidimou, A., Williams, E. e Kajogbola, G. (2015). Apresentação semelhante a acidente vascular cerebral da toxoplasmose cerebral: dois casos infectados pelo HIV. *Cerebrovasc Dis Extra,* 5: 28-30.

Pusch, L., Romeike, B., Deckert, M., e Mawrin, C. (2009). Cistos persistentes *de* toxoplasmabradizoíto no cérebro: achado incidental em um paciente imunocompetente sem evidência de toxoplasmose. *Clinical Neuropathology*, 28: 310-212.

Remington, J.S. (1974). Toxoplasmose no adulto. Bula. *N.Y.AcademicMedicine, 50: 211-227.*

Rostami, A., Seyyedtabaei, S. J., Aghamolaie, S. *et al*: (2016). Soroprevalência e fatores de risco associados à infeção por *Toxoplasma gondii* entre comunidades rurais no norte do Irã. *Revista do Instituto de Medicina Tropical de São Paulo,* 22 (58):70. https://doi.org/10.1590/S1678-9946201658070

Saeij, J. P. J., Coller, S., Boyle, J. P., Jerome, M. E., White, M. W. e J. C. Boothroyd:(2007). *Toxoplasma* coopta a expressão genética do hospedeiro através da injeção de um homólogo polimórfico da quinase. *Nature,* 445:324-327.

Salviz, M., Montoya, J. G., Nadol, J. B e Santos, F. (2013). Otopatologia na toxoplasmose congénita. *Otology andNeurotology,* 34(6):1165-9

Sarman, S., Arshi, M., Sugandhi, R., Sanjay, M., Naba, K. H, (2004). Serologic Prevalence of *Toxoplasma gondii* in Indian Women of Child Bearing Age and Effects of Social and Environmental Factors (Prevalência serológica de *Toxoplasma gondii* em mulheres indianas em idade fértil e efeitos de factores sociais e ambientais). PLoS *Neglected Tropical Diseases,* 8(3): e2737.
doi:10.1371/journal.pntd.0002737

Secretaria de Vigila'ncia em Sau'de (SVS) do Brasil (2009). Doenc,as Transmitidas por Alimentos. Ana'lise Epidemiolo'gica dos Surtos de Doenc,as Transmitidas por AlimentosnoBrasil.http://portal.saude.gov.br/portal/arquivos/pdf/surtos dta 15.pdf,

Sensini, A. (2006). Infeção por *Toxoplasma gondii* na gravidez: oportunidades e armadilhas do diagnóstico serológico. *Microbiologia Clínica e Infeção*, 12:504-512.

Singh, S., Munawwar, A,, Rao, S., Mehta, S. e Hazarika N. K. (2014). Prevalência sorológica de *Toxoplasma gondii* em mulheres indianas em idade fértil e efeitos de fatores socioambientais. *PLoS Neglected Tropical. Diseases,* 8 (3): e2737. doi: 10.1371/journal.pntd.0002737.

Singh, M.(2016). Seroprevalência da toxoplasmose em mulheres grávidas atendidas num hospital terciário em Uttar Pradesh, Índia, e o seu efeito na morbilidade e mortalidade perinatais. *Ata Medica,* 3(1):50.

Sobrin, L., e Kump, L. I., e Foster, C. S. (2007). Intravitreal clindamycin for toxoplasmic retinochoroiditis. *Retina,* 27(7):952-7.

Soheilian, M., Ramezani, A., Azimzadeh, A., Sadoughi, M. M., Dehghan, M. H., Shahghadami, R Yaseri, M, e Peyman, G. A (2011). Ensaio aleatório de clindamicina intravítrea e dexametasona versus pirimetamina, sulfadiazina e prednisolona no tratamento da toxoplasmose ocular. *Ophthalmology,* 118(1):134-41.

Soheilian, M., Sadoughi, M.M., Ghajarnia, M, Dehghan, M.H., Yazdani, S, Behboudi, H Anisian, A., e Peyman, G.A.(2005).Prospectiverandomized trialoftrimethoprim/ sulfamethoxazole versus pyrimethamine and sulfadiazine in the treatment of ocular toxoplasmosis. *Ophthalmology,* 112(11):1876-82.

Olariu, T. R., G. H. Darabus, O. Cretu, O. Jurovits, E. Giura, V. Erdelean, I. Marincu, I. Iacobiciu, C. Petrescu, A. Koreck (2007). Prevalência de anticorpos *contra Toxoplasma gondii* entre mulheres em idade fértil no condado de Timis. *Parasite,* 4: 367-370

Tammam, A. E., Haridy, M. A., Abdellah, A. H., Ahmed, S. R., Fayed, H. M., & Alsammani, M. A. (2013). Seroepidemiologia da infeção por toxoplasma gondii em mulheres com aborto espontâneo no primeiro trimestre na governadoria de qena, Egito. *Journal of clinical and diagnostic research,* 7(12), 2870-2873. https://doi.org/10.7860/JCDR/2013/6480.3780

Tlamçani, Z., Zohra, L., e Badre, E. L. (2013) . Toxoplasmose: O valor dos métodos moleculares no diagnóstico em comparação com os métodos convencionais.*Journal of Microbiology and Infectious Diseases,* 3 (2): 93-99

Tooran, N.S. S,, Moosazadeh, M., Amouei, A, Hosseininejad Z, Daryani A. (2020). A seroprevalência global de anticorpos anti-Toxoplasma *gondii* em mulheres que tiveram aborto espontâneo: A systematic review and meta-analysis. *PLoS Neglected Tropical Diseases,* 14(3): e0008103. https://doi.org/10.1371/journal.pntd.0008103

Torgerson, P. R., e Macpherson, C. N. L. (2011). O peso socioeconómico das zoonoses parasitárias: Global trends. *Vetinary Parasitology,* 182:79-95.

Travaillé, E., Hohweyer, J., Cazeaux, C., Languet, E., Dumètre. A., Aubert, D., Terryn, C.,

Dubey, J.P., Azas, N., Houssin, M., Loie, F., Villena, I., e La Carbona, S. (2016). Deteção simultânea dos protozoários parasitas Toxoplasma, Cryptosporidium e Giardia em matrizes alimentares e sua persistência em folhas de manjericão. *Food Microbiology*, 57:36-44. doi: 10.1016/j.fm.2016.01.002. Epub 2016 Jan 12. PMID: 27052700.

Uneke, C. J., Duhlinska, D. D., Njoku, M. O., e Ngwu, B. A. (2007). Seroprevalência da infeção por *Toxoplasma gondii* em Kwal, um distrito rural de Plateau-Nigéria. *Jornal Africano de Ciências Médicas*, 36: 109-113.

Uttah, E. C., Ajang, R., Ogbeche, J., Etta, H. e Etim, L. (2013). Seroprevalência comparativa e factores de risco da toxoplasmose entre três subgrupos na Nigéria. *Jornal de Investigação em Ciências Naturais,* 3: 23-28.

W. R. Bowie, A.S. King, D. H. Werker, J.L. Isaac-Renton, A. Bell, S. B Eng, S. A Marion. (1997). Surto de toxoplasmose associado à água potável municipal. The BC *Toxoplasma* Investigation Team, 350(9072):173-7. doi: 10.1016/s0140-6736(96)11105-3.

Warnekulasuriya, M. R., Johnson, J. D., e Holliman, R. E. (1998). Deteção de *Toxoplasma gondii* em carnes curadas. *Jornal Internacional de Microbiologia Alimentar*, 45(3), 211-215

Weiss, L. M. e Kim, K. (2007). Desenvolvimento de bradizoítos. Em "*Toxoplasma gondii.* The Model Apicomplexan - Perspectives and Methods. (L. M. Weiss e K. Kim, eds). *Elsevier,* pp. 341-366.

Wong, S. Y. e Remington, J. S. (1993). Biologia do *Toxoplasma gondii. AIDS,* 7, 299-316

Woyneshet . Gelaye, Tadesse, Kebede, e Asrat, Hailu. (2015). Elevada prevalência de anticorpos *anti-Toxoplasma* e ausência de factores de risco de infeção por *Toxoplasma gondii* entre as mulheres grávidas que frequentam os cuidados pré-natais de rotina em dois hospitais de Adis Abeba, Etiópia. *Jornal Internacional de Doenças Infecciosas*, 34: 41-45

Yolken, R. H., Dickerson, F. B. e Fuller T. E. (2009): *Toxoplasma* and schizophrenia. *Parasite Immunology,* 31(11):706-1

APÊNDICE

APÊNDICE A

HEALTH RESEARCH ETHIC COMMITTEE (HREC)
INSTITUTE OF PUBLIC HEALTH
OBAFEMI AWOLOWO UNIVERSITY, ILE-IFE, NIGERIA.

Our Ref: HREC NO: IPHOAU/12/1318
Your Ref: ______

Date: Nov. 18th, 2019

Notice of Full Approval after Full Committee Review

SEROEPIDEMIOLOGICAL STUDY OF *TOXOPLASMA GONDII* AMONG WOMEN OF CHILD-BEARING AGE IN SELECTED COMMUNITIES IN OSUN STATE, NIGERIA.

Health Research Ethics Committee assigned number: IPHOAU/12/1318

Applicant's Name: OLANIRAN Olarinde.

Applicant's Address: Dept. of Zoology, O.A.U. Ile-Ife.

Date of receipt of valid application: 7th June 2019

Date of meeting when final determination of research was made: Nov. 18th, 2019

This is to inform you that the research described in the submitted protocol (HREC No: IPHOAU/12/1318), the consent forms and other participant information materials have been reviewed and *given full approval by the Health Research Ethics Committee.* This approval dates from Nov. 18th, 2019 to Nov. 17th, 2020. If there is delay in starting the research, please inform the HREC so that the dates of approval can be adjusted accordingly. Note that no participant accrual or activity related to this research may be conducted outside of these dates. *All informed consent forms used in this study must carry the HREC assigned number and duration of HREC approval of the study.* In multiyear research, endeavor to submit your annual report to the HREC early in order to obtain renewal of your approval to avoid disruption of your research.

The National Code for Health Research Ethics requires you to comply with all institutional guidelines, rules and regulations and with the tenets of the Code including ensuring that all adverse events are reported promptly to the HREC. No changes are permitted in the research without prior approval by the HREC except in circumstances outlined in the Code. The HREC reserves the right to conduct compliance visit to your research site without previous notification.

Chairman, HREC

Web-site: www.iphoau.org E-mail: iph@oauife.edu.ng, iphhoauife@gmail.com

QUESTIONÁRIO

INQUÉRITO SOBRE OS CONHECIMENTOS DA COMUNIDADE EM MATÉRIA DE

TOXOPLASMOSE

A. ANTECEDENTES DO INQUIRIDO

1. Idade (ou ano de nascimento)
2. Ocupação
3. Profissão do marido
4. Religião (1) Cristã (2) Muçulmana (3) Outras
5. Nível de ensino (1) Nenhum (2) Primário (3) Secundário (4) Terciário (5) Quoranico (6) Outros (especificar)
6. Nível de instrução do marido (1) Nenhum (2) Primário (3) Secundário (4) Superior (5) Quoranic (6) Outros (especificar)

B. CONHECIMENTO DO INQUIRIDO SOBRE A TOXOPLASMOSE

1. Sabe que os gatos podem transmitir doenças ao homem (1) Sim (2) Não
2. O que é que sabe sobre a Toxoplasmose (uma doença transmitida dos gatos para o homem)
3. Teve recentemente algum dos seguintes sintomas: tosse ( ), febre ( ), dificuldades visuais ( )
4. Teve recentemente algum dos seguintes sintomas: dor de cabeça ( ), fraqueza ( ), dores nos olhos( )

C. AVALIAÇÃO DOS FACTORES DE RISCO

a. Alguma vez criou, tocou ou abraçou gatos nos últimos 6 meses?

□Sim (continuar a responder à pergunta seguinte) □Não

1. A quem pertence o(s) gato(s)? Tu Os vizinhos Ambos
2. E as idades dos gatos que alguma vez criaste, tocaste ou abraçaste?

□ idade inferior a 6 meses □ gatos adultos □ ambos

3. Onde criaram os gatos: □fora de casa □dentro de casa?
4. Relativamente às condições ambientais, com que frequência limpa os locais de residência dos gatos? □ Nunca □ Todos os dias.
5. Usa luvas durante a limpeza? □ Sim □ Não

b. HISTÓRIA INDIVIDUAL DE CONSUMO DE CARNES NOS ÚLTIMOS 6 MESES

1. Comeu carne assada ou mal cozinhada nos últimos 6 meses?

□Sim (continuar a responder à pergunta seguinte) □Não

2. Que tipo de carne comeu **(escolha múltipla):**

Carne de cabra □ Carne de vaca □ Carne de porco □ Frango □ Pato □ Peixes □ Outros

3. Comeu carne congelada nos últimos 6 meses?

□Sim (continuar a responder à pergunta seguinte) □Não

4. Que tipo de carne congelada comeste? **(Escolha múltipla):**

□Cabra □Boi □Porco □Frango □Pato □Peixes □Outros

c. Bebeu água não tratada ou não fervida nos últimos 6 meses?

□Sim □Não

d.Comeu vegetais crus nos últimos 6 meses?

□Sim □Não

Apenas para mulheres grávidas

D. ANTECEDENTES OBSTÉTRICOS

1. Quantas gravidezes já teve antes
2. Quantas entregas
3. Já teve algum aborto espontâneo antes? Sim □Não
4. Em caso de resposta afirmativa à pergunta 3 supra, quantos?

E. PERÍODO DE GESTAÇÃO (TRIMESTRE): (a) 1º (b) 2º (c) 3º.

MIX
Papier aus verantwortungsvollen Quellen
Paper from responsible sources
FSC® C105338

Printed by Books on Demand GmbH, Norderstedt / Germany